도시설계에 대한 새로운 접근과 실천

New Approach and Practice for Urban Design

도시설계에 대한 새로운 접근과 실천

2022년 10월 28일 1판 1쇄

지은이 이제선
펴낸곳 연세대학교 출판문화원
주소 서울특별시 서대문구 연세로 50
등록 1955년 10월 13일(제9-60호)
전화 02) 2123-3378~80
팩스 02) 2123-8673
전자우편 ysup@yonsei.ac.kr
홈페이지 http://press.yonsei.ac.kr
인쇄 (주)네오프린텍

ISBN 978-89-6850-679-6(93530)

값 14,000원

New Approach and Practice for Urban Design

도시설계에 대한 새로운 접근과 실천

이제선 지음

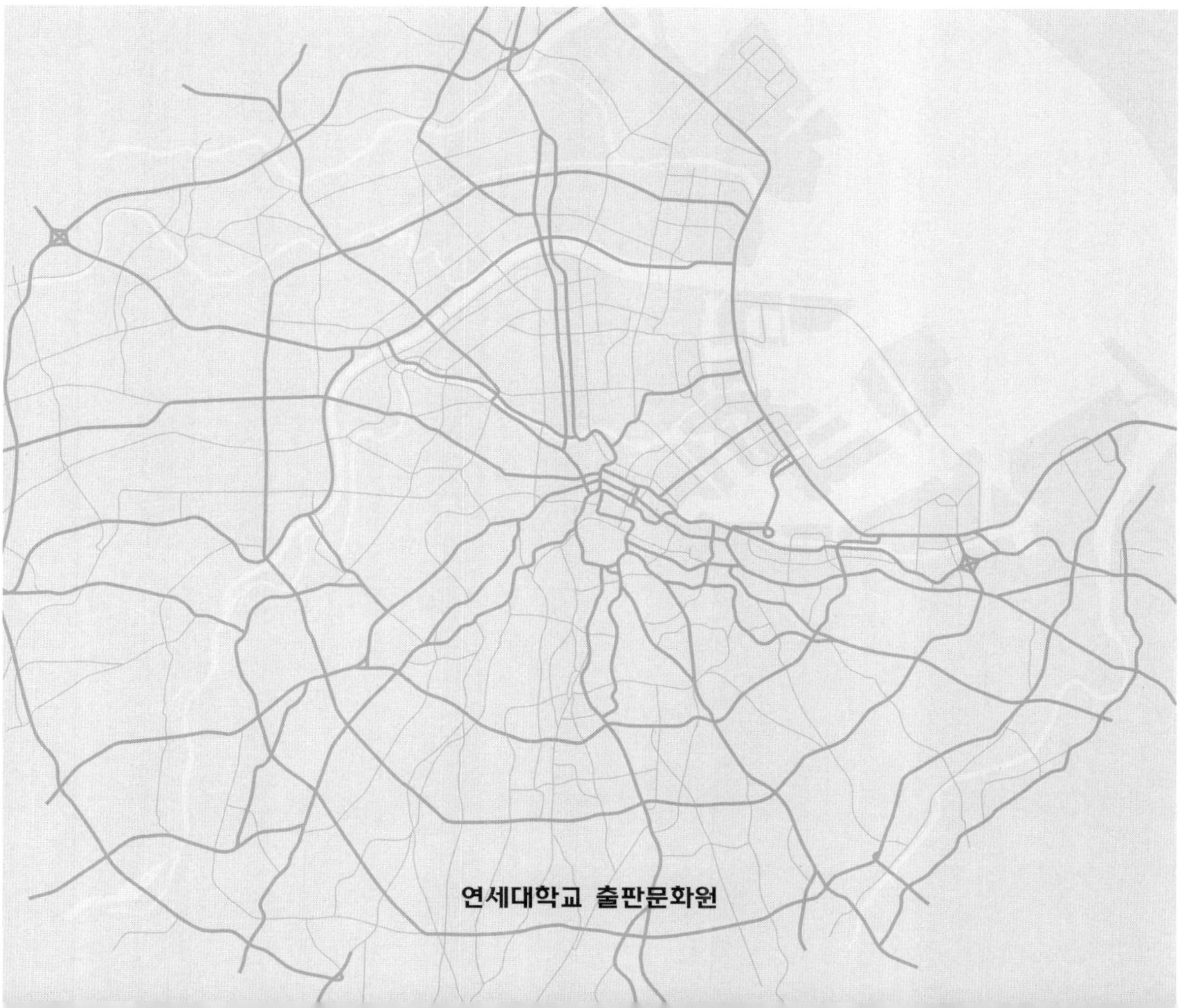

연세대학교 출판문화원

| 들어가며 |

2020년부터 창궐한 Covid-19로 인한 전대미문의 팬데믹은 전 세계인의 삶의 방식, 일하는 방식, 지역 상품과 서비스 접근성, 단거리 및 장거리 교통수단, 공공공간 및 개인 공간(도시 및 자연) 사용에 큰 영향과 변화를 주고 있다. 그러나 도시설계의 주요 관심 사항인 걷기 쉽고, 다양한 용도가 혼합되며 사람들의 사회적 교류가 원활한 장소를 만든다는 원칙은 팬데믹 기간 및 팬데믹 이후에도 겪게 되는 인간의 신체적, 정신적 건강 증진에 있어 매우 효과적인 수단으로 인식되고 있다.

도시공간 곳곳에 있는 저품질 도시공간과 장소는 건강하지 못한 도시 공동체를 양산하고 그나마 지역이 가지고 있는 자연자원 또는 지역자산을 훼손시키킬 뿐만 아니라 그곳에 오는 방문자 또는 이용자를 환영하지도 않고 주민들에 의해 주체적으로 잘 관리되고 있지 못한 곳이 되곤 한다.

도시설계는 마을과 도시, 거리와 공간을 설계하는 행위이며 장소를 만드는 예술로 양질의 물리적 환경을 만들기 위해 협력적이면서도 다학제적 성격을 바탕으로, 건물군, 건물과 공간, 공간과 경관의 설계 및 향후 건강한 도시발전이 이루어지도록 도시 비전, 체계, 시행을 위한 절차 및 도면을 작성하는 것을 포함한다.

도시디자이너가 다루는 대상은 마을과 도시 중심, 주거지역, 교외, 마을 가장자리, 저이용공업단지, 기차역, 강, 운하 주변의 버려진 장소 등 매우 다양하며, 도시설계는 공간산업에 관심있는 투자자 및 개발자, 그리고 다양한 사회주체에 이익을 가져다주기 위해 장소가 어떻게 보호되거나 개선될 수 있는지에 영감을 주고, 설명도 해주고 이해할 수 있도록 한다.

도시설계는 건물의 속성 그리고 건물간의 공간, 그리고 설계과정과 설계결과물과 같이 설계자체가 어떻게 수행되어야 하는지도 정의한다. 사람들은 디자인을 이야기할 때 아름다움에 대해 주로 말하지만, 도시설계는 인간이 살기 시작하면서 만들어진 정주지에서부터 현재의 건조환경까지 인간이 살았던, 살고 있는 그리고 살아야 할 도시와 관련한 문제를 어떻게 해결하였는지, 하고 있는지, 해야하는지도 함께 고민하게 한다. 이런 활동을 통해 도시설계는 ① 장소 및 건조환경 ② 마스터플랜 ③ 제도 및 기준 ④ 정책 및 가이드라인 ⑤ 인센티브 및 보너스 ⑥ 도시설계관련 각종 위원회 ⑦ 서적, 답사, 토론회 및 교육 등을 결과물로 만들어 내고 있다.

CABE 및 DETR(2001)는 Value of Urban Design을 통해 도시설계와 관련한 고품질 도시가 가져올 수 있는 경제적/사회적/환경적 가치를 다음과 같이 정의하고 있다.

● 경제적 가치

- 높은 투자 수익률(좋은 임대 수익률 및 자본 가치 향상) 창출
- 적은 비용으로 새로운 장소를 경쟁 장소보다 더 매력적인 곳으로 조성
- 거주자 수요에 대응
- 관리, 유지보수, 에너지 및 보안 비용 절감
- 더 만족스럽고 생산성 있는 인력의 고용기회 창출
- 개발을 통해 역동적이면서도 다양한 복합용도 지원
- 도시재생과 장소만들기라는 틈새시장 창출
- 장소를 차별화하고 품격 고양
- 투자 기회 개방 및 개발에 대한 신뢰도 제고
- 주민들의 소득 창출 기회 제공
- 도시설계를 통해 잘못된 도시공간을 수정하는데 투자되는 공공비용 절감

● 사회적 가치

- 지속적인 개발 촉진
- 안전 강화 및 범죄 감소

– 오염 감소
– 부동산 가치 상승
– 스트레스 감소
– 여행 비용 절감

● 환경적 가치

– 에너지 소비 감소
– 자원 및 토지 소비 감소

도시설계는 사람들이 삶의 모든 단계에서 일상생활을 영위하는 데 있어 매우 귀중하면서도 즐길 수 있는 양질의 도시공간과 장소를 공급하는 중요한 수단이다. 이런 맥락에서 도시설계와 관련한 교육을 포함한 연구와 실무에 종사하는 도시디자이너들에게 필요한 내용들을 1부 및 2부로 나누어 살펴보았다. 1부 도시설계에 대한 새로운 접근에서는 이론이란? 도시설계 정의, 도시설계 이론, 도시설계 실무 및 과정을 기술하였고, 2부 도시설계 실천에서는 1부의 내용을 바탕으로 LaGro(2007)의 도시설계과정에 따라 저자가 MP로 직접 수행했던 행복도시 5–2 생활권 개발계획수립 과정을 살펴보았다. 특히 1년여 기간 동안 개발계획 수립에 MA로 참여한 정재희 교수님, LH 세종본부 담당자, 관련 전문업체 참여자들에게도 감사를 드린다. 지금도 개발계획을 바탕으로 착공을 위한 후속작업들이 진행되고 있으며, 사람들의 삶을 형성하는 노력에 끊임없이 도시디자이너는 참여하며 전체 과정이 도시디자이너 한 사람에 의해 이루어지지 않는다는 것을 받아들여야 할 것이다.

목차

1부

도시설계에 대한 새로운 접근

01 이론이란?

도시설계와 관련한 연구와 실무를 하다보면 도시디자이너들은 이론(theory)의 의미와 중요성에 관한 이야기를 많이 듣게 된다. 그러나 정작 이론이 무엇이길래 그렇게 중요한 것인지?는 논문을 쓰면서 또는 프로젝트를 수행하면서 충분한 이해를 갖지 못한 채 진행하는 것이 일반적이다. 예를 들어 만유인력 이론, 중력 이론 등을 누가 만들었고 내용은 이렇더라라는 정도로 피상적 수준에서 중고등학교 또는 대학에서 알고 지나가는 경우가 대부분일 것이다. 인간이 사는 세상은 너무 복잡하고 이해 못 하는 현상과 사실이 많은데, 이런것에 의문을 가지그 과학적 방법을 통해 간단하게 설명하거나 예측할 수 있게 하는 그 무엇이 바로 이론이다. 최근, 캠퍼스에서 늘 보게 되던 “진리가 너희를 자유케 하리라(The true will set you free)”라는 문구가 더욱더 와 닿는다.

인간이 외부 세계를 이해하기 위해서는 이론이 꼭 필요하다. 그렇지 않은 사람도 있겠지만, 이론이 없다면 우리는 서로 다른 현상 간의 관계를 쉽게 이해할 수 없기 때문이다. 이론과 관련해서 중요한 것이 연구인데, 어떠한 현상이 일어나는 관계성 그리고 그러한 현상이 왜 그렇게 발생하는 것인지를 이해하기 위한 체계적인 과정이 연구(research)이다.

도시설계 분야에서 교육과 연구를 담당하다 보면 도시공간에서 벌어지는 여러 현상과 관련한 연구 질문을 가지게 되고 이와 관련된 이론들과 선행연구를 문헌 고찰(literature review)을 하게 되고 과학적 방법으로 자료 분석을 통해 결과가 참인지 거짓인지를 분석하는 연구 과정을 진행하게 된다. 이러한 일련의 과정은 도시설계 실무에서 설계대안을 도출하는 과정과 거의 비슷한데도, 실무에 종사하는 분들은 그러한 질문과 관련해서 데이터를 가지고 꼭 분석하는 연구를 해야만 되느냐고 반문하곤 한다. 중요한 차이는 일련의 과정이 객관적 또는 주관적 그리고 과학적 또는 비과학적이냐 하는 것이다.

이론의 대상은 물리적 실체가 될 수 있지만, 이론은 외부 세계의 물리적 실체를 직접적으로 나타내지는 않는 개념이며, 이론에 관해 연구할 때는 이론을 개념화하는 데 오랜 전통을 가지고 있는 과학 철학을 기반으로 하여 이해하는 것이 매우 중요하다. 이론은 때때로 논쟁의 여지가 있으면서도 다른 의미가 있는 특징을 가지고 있어 이러한 것이 학문적 발전을 위한 촉매제역할을 하고 있다.

이런 측면에서 개인이 가진 경험은 세상에서 벌어지는 모든 현상을 설명해주지 않으며 경험은 단지 여러 반복적인 사건의 연속일 뿐이며, 인간은 근본적으로 이러한 현상 간의 상호관계를 알고 싶어 한다. 그래서 미신 또는 종교가 발생하였다는 주장도 있고, Feyerabend(2011)는 자연현상들이 왜 또는 어떻게 발생하는지를 설명하며 신화 및 종교가 이론과 근본적으로 차이가 있고 분리될 수 있는 것이라 보기는 어렵다고 하였다. 이론과 인간의 믿음 간의 유사성 및 관련성에 대해서는 과학론(philosophy of science)에서 논의되고 있으나 과학론에서는 미신과 믿음은 체계적으로 검증할 수가 없으므로 이론이 좀 더 체계적이라고 인정받고 있어 그러한 맥락에서 본다면 이론은 여러 가지 의미를 가지고 있다.

이론은 세상살이에 대한 일종의 법칙이라고 볼 수 있는데, 이론은 자연법칙을 투사한 가설 또는 완벽한 법칙일 수도 있다. 이론에 대한 또 다른 정의로 Kuhn(1996)은 이론이란 설명 변수를 가진 선언 또는 가설과 같이 체계화된 체계라고 개념화하였고, 이론에 대한 또 다른 이해는 이론이란 과학자들이 찾고자 하는 그 무엇이라고 하였다. 이론은 연구영역으로 간주될 수있고(예를 들어, 철학, 인식론, 논리학 이론 등) 다양한 사례를 통해 볼 때, 이론은 법칙, 가설 그리고 연구 분야와 서로 겹치게 된다.

이론이라는 것을 접하게 되는 경우는 일반적으로 대학원에 입학한 후 수업과정을 통해, 논문을 읽으면서 그리고 논문을 쓰면서 귀에 못이 박이도록 듣고 아주 밀접하게 살펴보게 된다. 예를 들어, 도시 분야와 관련된 교육을 받게되면 합리적 계획이론, 옹호적 계획이론, 점진적 계획이론, 급진적 계획이론, 중력 이론, 지역경제 이론, 게스탈트 이론 등을 강의를 통해 알게 되고 그게 왜 중요하고 도시 현상을 어떻게 설명하는지 그리고 실무에 어떻게 적용

가능한지를 이해하게 된다.

필자도 대학원에서 도시설계연구방법론을 2년에 한 번씩 강의하고 있으며 그 어떤 과목보다도 중요성을 느끼면서도 감사하게 생각하는데 그 이유는 적어도 2년에 한 번씩은 연구자에게 가장 중요한 연구 방법론을 학생들과 함께 학습하고 고민하는 시간을 가질수 있기 때문이다. 수업과정에서 이론과 관련된 다양한 용어들이 나타날때 학생들은 매우 혼란을 겪게 되는데 그들간의 정의와 관계는 다음과 같이 설명하곤 한다.

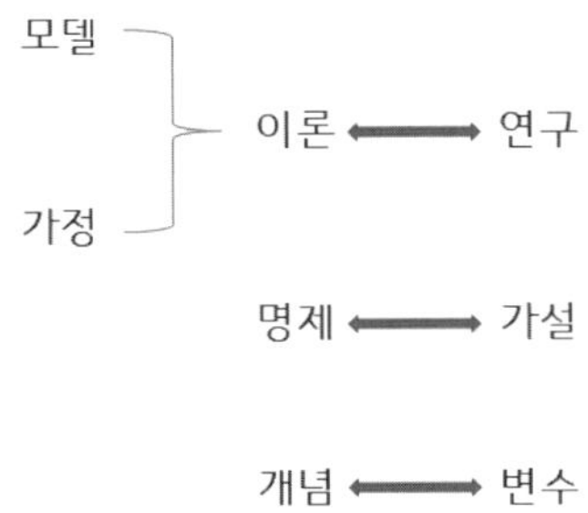

<그림 1-1> 용어의 관계

왼쪽은 철학에서 논의되는 단어들이라면 오른쪽은 연구 분야에서 연구를 진행할 수 있도록 손에 잡힐 수 있게 개념화 한 것으로 보면 된다. 이론(theory)이란 특정 사회현상을 설명, 예측하기 위한 일련의 명제(proposition)이고, 명제(proposition)란 개념 간의 관계이며, 개념(concept)이란 특정한 의미를 지닌 용어일 뿐이다. 이에 대응하는 연구(research)란 새로운 정보를 얻거나 지식을 쌓거나 질문에 대답하는 학문적 방법 또는 학문적 조사로 특정한 연구 패러다임과 관계없이 연구틀에 따라 체계적으로 조사하는 것을 의미하며, 가설(hypothesis)이란 실증적으로 검증가능한 명제로 변수와 변수간의 관계를 나타내며, 변수란(variable) 조작화된 개념인 것이다.

McDonald and Schneberger(2006)은 이론을 다음과 같이 3가지로 분류하고 있는데, 첫째, 이론은 법칙의 체계로 만일 명제(proposition)가 아직 검토되지 않았다면 그것은 가정일 뿐이며 이러한 가정이 실험을 통해 성공적으로 극복된 법칙들의 총합이 이론이다. 둘째, 이론은 정의, 공리 또는 전제 체계로 개념은 경험과는 독립적으로 모두 정의될 수 있어 수학과 좀 더 유사하다. 마지막으로 이론은 인과관계를 설명하는 체계로 이론은 설명하거나, 예측하거나 그리고 가능한 형태를 만들어내는 규칙들에 대한 계통적인 체계이다.

이론은 하나의 특정 사례에 대해 배타적으로 작동해서는 안 되며, 이론은 시공간으로부터 다양한 추상적 수준을 가지고 있는데, 예를 들어, 프랑스 혁명이 일어난 이유와 같은 역사적 이론들은 특정한 시간과 지리에 얽매여 있어 추상적인 경제 이론들보다는 훨씬 덜 추상적이다. 이론들은 또한 어떤 분야 안에 내재된 논리적인 엄격함으로 인해 그 의미에 대한 합의가 있다는 점에서 주관적인 의미일 수도 있는데 이러한 과정으로 이론과 관련하여 연구자와 전문가들은 서로 관련되어 있다. 이론은 다른 전문직 종사자나 전문가들내 서로 다른 집단 간에 또는 서로 다른 세대 간에 의사소통을 위한 수단이 될 수 있으며 이론은 소통을 위한 수단으로써 권력, 역사 및 주관성과의 관계를 드러내며, 이것은 이론과 그 맥락 사이의 지속적인 연결을 정의한다.

이론의 맥락에 관한 사례로는 이론을 따르는 학교와 같은 기관, 이론이 형성되는 도시/국가 또는 더 일반적인 수준에서 이론의 형성에 영향을 미치는 장소와 시간이 있다. 소련 붕괴 이전의 동서 과학과 기술 개발 간의 차이점에 관한 연구는 이론 형성에 있어 맥락의 중요성을 뒷받침하였다(Snow & Collini, 2012). 이론의 또 다른 일반적인 특징은 이론이 순수한 철학과 구별되는 경험적 관련성을 가지고 있다는 것(McDonald, 2006)으로 이것은 이론이 특정한 현실에 대한 것이라는 것을 의미하고 이론의 주요 측면 중 일부는 그것이 다시 적용될 수 있고 목적적이며 맥락의 영향을 받고 경험적 관련성과 관련이 있다는 것이다.

모든 학문 분야는 그 분야의 이론 목적을 설명하기 위한 이론적 논쟁을 하고 있으며 그들은 자신의 특정한 필요성과 관련된 이론에 주의를 기울이는데, 그 이유는 이론이 가지는 내재적 중요성은 인간이 외부 세계를 다루는 방식이기 때문이다. 인간은 경험으로부터 지식을 얻고 그걸 다른 사람에게 옮길 수 있다는 사실은 이론의 근본적 이유가 되며, 이론이 다시 적용된다는 것은 특정한 시간과 공간에서 수업에서 배운 지식이 다른 상황 및 사람에게 전달될 수 있다는 것을 의미한다. 그것은 완전히 성공적일 수도 있고 아닐 수도 있는데, 그럼에도 불구하고, 인류 문명은 이러한 의미에서 이론의 기본 개념에 크게 의존한다. 이런 맥락에서 이론을 다루는 연구분야와 설계를 하는 실무분야 간의 협력이 다시 한번 필요한 이유가 된다.

02 도시설계 정의

도시설계는 보통 20세기에 시작된 학문으로 인식되지만, 분명히 훨씬 더 오래되었고, 아마도 가장 초기의 건축 디자인 형태만큼 오래되었을 것이다. 본격적으로 디자인된 도시들은 5천 년 전에 인더스 계곡과 메소포타미아에서 만들어졌다고 하는데 가장 단순한 형태의 정착지에서도 의식적으로 또는 무의식적으로 형성된 공간에서 어느 정도는 도시설계영역이 작동되었음을 인지할 수 있다. 그러나, 독립적인 학문으로서 도시설계 본질은 그러한 앞선 흔적들과 인간 사회에 내재하여 있음에도 불구하고 유사 분야인 도시계획 및 건축보다 매우 늦게 그것도 그들의 필요성에 의해 출현하게 되었다는 것은 의아스럽기도 하지만 너무 당연하기에 그렇게 될 수도 있겠다라고 폭을 넓혀 이해할 수 도 있겠다.

도시설계(urban design)는 도시를 의미하는 라틴어 urbs에서 유래되었지만, Lewis Warth(1938)의 논문; '삶의 방식으로서의 도시주의'(Cuthbert, 2006; Elshater, 2014)를 쓴 이후 주목을 받았다. 도시설계는 초창기 미국에서는 civic design 그리고 city design으로 영국에서는 town design으로 일본에서는 도시디자인이라는 용어로 불렸으며 자세히 보면 두 개 단어가 합성된 것이다. Urban(도시)은 도시라는 물적대상을 Design(설계)은 예술적 활동을 나타내는 단어가 합성된 것으로 특히 디자인이란 용어는 지시하다 · 표현하다 · 성취하다를 뜻하는 라틴어의 데시그나레(designare)에서 유래되었다.

디자인(design)은 동사와 명사로 함께 쓰이며, 명사로서의 디자인은 다양한 사물 혹은 시스템(마스터플랜, 도면, 표준 프로세스, 다이어그램, 패턴 등)의 계획 혹은 제안의 형식(도면, 모델이나 다른 표현) 또는 물건을 만들어 내기 위한 제안이나 계획을 실행에 옮긴 결과를 의미하며, 동사로서의 디자인은 이것들을 만드는 것을 의미한다(위키백과, 2022). 이와 같은 정의는 디자인의 다양한 측면을 드러내는 데 유용하지만, 모든 사람이 수용할 수 있는 포괄적 정의를 찾는 것은 불가능하다. 일반적으로 받아들여지는 일원화된 디자인 정의는 존재하지 않으며, 디자인이라는 용어는 디자인과 관련된 학문 분야마다 다양한 의미로 사용되고 있어 그에 대한 해석도 매우 다양하다. 따라서 도시설계 분야에서 사용하는 디자인이라는 용어도 일반적으로 생각하는 객체나 물리적 제품을 설계하는 것뿐만 아니라 오히려, 복잡한 과정을 통해 프로그램이나 계획을 생성하는 데 관여하는 행위도 포함하고 있다는 점을 강조할 필요가 있다.

일반적인 차원에서 논하는 디자인과는 다르게 도시설계에서의 디자인은 주로 건물군, 공공공간, 도로 및 기타 자연적 또는 인위적 요소에 대한 구성으로 도시 환경 형성과 변형을 만들어 내는 과정과 결과에 초점을 두고 있으며, 기능을 먼저 생각하고 미관을 나중에 생각하는 것이 아니라, 처음부터 기능과 미관을 함께 생각하는 것을 말하고 있다. 이러한 디자인적 특성은 도시설계를 다른 도시 관련 연구 분야 예를 들어 도시계획, 건축, 조경 등과 구별되게 하며 도시설계는 사람(human)과 환경(environment)과의 관계(relationship)를 탐구하고 만드는 것으로 과정을 통하여 사람을 위한 장소와 일정한 행위와 기능을 형태에 담아서 어떻게 의미가 있는 장소가 되도록 설계 할 것인가를 고민하는 행위이다. 그리고 도시설계는 디자인이라는 용어로 괄목하게 주도되는 관련 학문(조형디자인, 색채디자인 등)들과의 밀접한 연관성 그리고 자연에 의해 주도되는 과학 또는 기술 분야인 공학, 교통 및 인프라와 같은 다른 학문들과의 관련성으로 인해 도시설계의 진정한 특성에 대한 모호함을 가져오기도 한다.

도시설계 정의는 많고 다양하지만, 여전히 도시설계라는 보다 제한된 영역 내에서조차도 도시설계에 대한 무수히 서로 다른 정의들이 여전히 발견된다(Krier, 1993; Barnett, 2009; Krieger and Saunders, 2009; Kasprisin, 2011). 1956년 시카고 국제회의에서는 도시설계에 대한 두 가지 정의를 제시해주었는데, 첫 번째 정의는 "도시의 물리적 형태를 다루는 도시계획의 분야"로, 두 번째는 "건축, 조경, 도시계획이라는 3개 전문분야간의 협동작업에 기반이 되는 분야"였다.

도시설계에 대한 정의는 다양한 학문과 범위에 따라 무궁무진할 수 있기에 그것을 이해하기 위해서는, 대다수 전문가가 도시설계로 정의하고 있는 내용들을 문헌과 이론적 고찰을 통해 어떻게 묘사하고, 분류하고, 정의하고 있는지를 살펴볼 필요가 있겠다. 도시설계의 근본적인 정의에 도달하려고 할 때 많은 도시디자이너는 약간의 주저함도 있지만 도시설계 정의와 관련하여 단순하면서도 포괄적인 답변을 제시해야 한다는 도전도 받아왔다(Madanipour, 1997; Arida, 2002).

Lang(2014)에 따르면, 도시설계라는 용어는 잘 정의되지 않았다고 하였으며, Tibbalds(1988)는 도시설계에 대해 단순하고 단일하게 합의된 정의가 없다는 것을 인정해야 한다고 했다. Marshall(2009)는 "도시설계는 항상 명확한 역할, 영역, 권위가 없었습니다. …이런 맥락에서 도시설계의 고유한 가치는 모호함 또는 더 전문화된 설계 노력을 이어줄 수 있는 대단히 중요한 프레임워크의 제공에서 비롯될 수 있다고 했다."

도시설계에 대한 가장 간단한 정의는 Cowan(2002)에 의한 '장소를 만드는 예술'이라는 정의가 있으며, 또한 건축된 공간과 건축되지 않은 공간의 모든 요소 사이의 복잡한 관계 즉, 공공영역을 구성하는 건물과 거리, 광장, 공원, 수로 및 기타 공간 간의 관계; 공공영역의 성격과 품질, 마을 및 도시의 한 부분과 다른 부분의 관계; 그리고 그에 따라 확립되는 움직임과 활동의 패턴 등 서로 다른 건물 간의 관계로 정의되기도 한다.

도시설계를 정의하는 방법은 여러 가지가 있겠지만 그중 하나의 접근법은 도시와 디자인이 각각 무엇을 의미하는지 확인한 다음 언어적인 방식으로 두 단어가 조합된 관점에서 도시설계를 정의하는 것이다. 이러한 접근법은 Cuthbert(2007)와 같은 특정 학자들에 의해 적용되었으나 이 분야에 대한 올바른 이해가 두 단어의 언어적 의미 뒤에 있다고 가정하기 때문에 아주 엄격하지는 않은 것으로 보인다. Lynch(1960)는 urban design은 부정확한 용어라 믿었기에 city design이라고 부르는 것을 선호했는데, 예를 들어 '도시'와 '디자인'이라는 단어에 초점을 맞추면 '도시'와 '디자인'에 특별히 관련되지 않은, Jacobs(1992)의 '미국 대도시의 죽음과 삶'과 같이 도시설계에 큰 영향을 준 중요한 문헌들이 제외될 수 있기 때문이다.

또 다른 접근법은 도시설계의 목표를 살펴보는 것으로, 도시설계 관련 교과서 대다수에서 도시설계의 목표는 공공공간의 질적 향상이라고 언급하고 있다. 예를 들어 공공공간에서 인간의 필요 사항들을 충족시키는 미와 행동 관련 설계(Lang, 2005), 장소 만들기(Carmona et al., 2003; Carmona, 2014), 사용자 친화 환경 만들기(Tibbalds, 2000), 좋은 도시 형태

만들기(Lynch, 1981)처럼 목표가 다르게 나타나기도 한다. 이러한 것을 볼 때 도시설계는 공공공간만들기 및 장소 품질 향상이라고 할 수 있겠다.

일부 학자들은 도시설계를 정의하면서 또 다른 접근법을 제안하였는데 예를 들어, 도시설계는 사회와 건조환경과의 연결성을 설명하는데 매우 좋다고 주장하면서 사회학적 이론에 깊은 뿌리를 두고 정의하고 있다. 기타 도시설계와 관련한 많은 문헌에서는 환경과 사회 사이의 상호작용을 논하고 있는데 도시설계의 첫 번째 조건은 사회와 건조환경을 이해하는 것이고 도시설계는 사람을 위한 것(Tibbalds, 2000; Gehl, 2010)이라고 정의하기도 한다. Elrahman and Asaad(2019)는 〈표1-1〉처럼 도시설계에 대한 다양한 정의를 정리하고 있다.

<표 1-1> 도시설계 정의 및 분류

	도시디자이너/그룹	정의
1. 도시계획과 건축의 가교 역할을 하는 물리적 분야로서의 도시설계	Jose Luis Sert(organizer of urban design conference 1956) (Kreiger 2006)	도시계획의 일부로 도시의 물리적 형태와 관련 있다.
	David Gosling, Barry Maitland(1984) (Gosling and Maitland 1984)	도시설계는 도시 및 지역 계획과 건축의 두 가지 설계 위계 사이에 놓여 있다. 도시설계는 제한된 공공영역의 물리적 형태와 관련 있다.
	Michael C. Cunningham(1972)	도시설계는 건축과 같은 물리적 특성이지만, 이웃, 맥락, 도시 문제를 다루는 도시계획과 규모 면에서 비슷하다.
	Francis Tibbalds(1988)	2차원 마스터플랜과 기획, 그리고 세부건축을 잇는 다리이다.
	John M. Levy(Levy 2009)	도시계획과 건축 사이에 있는 직업으로, 대규모로 구성된 건물군과 그곳에서 형성되는 공간에 대하여 다루지만, 개별적인 건축물을 다루지는 않는다.
	David Prichard and Jonny Mc Kenna of Metropolitan Workshop with Peter Stewart(Prichard and Mc Kenna 2015)	건축과 도시계획의 연결고리이다.
	Peter Buchanan(Urban Design Group 2011)	도시설계는 도시계획의 추상적/광역적 영역과 건축의 세부적 영역 사이에 놓여 있다.
2. 다제학적 활동/복잡 과정	Francis Tibbalds(1988)	도시설계는 비즈니스, 거버넌스, 계획 및 디자인과 같은 여러 측면의 결합과 관련 있다. 도시설계는 도시계획, 건축 그리고 다른 관련 전문분야들 사이의 접점이다.

2. 다제학적 활동/복잡 과정	Ian Bentley and Georgia Butina(1991) (M. Carmona, S. Tiesdell, et al. 2010)	도시설계는 도시계획, 조경, 건축의 접점으로서 환경관리의 전통과 현대계획의 사회과학적 전통과 관련 있다.
	Willo von Moltke, Chairman of the Department of Urban Design at the GSD(Kreiger and William 2009)	도시설계는 건축이 아니다. 도시설계는 도시의 형태와 질서를 부여하는 다른 직종들이 참여하는 협업 직업으로, 도시성장을 위한 마스터 프로그램과 형태를 제공한다.
	Urban Design Group(Urban Design Group 2011)	도시설계는 도시, 타운 및 마을의 물리적 환경을 형성하는 협력적이고 다양한 분야의 참여를 필요로 하는 과정이다.
	Marion Roberts & Clara Greed(Roberts and Greed 2001)	도시설계는 경제적, 정치적, 미적, 기능적 과정으로 간주될 수 있다.
	Richard Marshall(2009)	도시설계는 규율이 아니라 규율상의 구별화된 부분에서 전체로 사고하는 방식이다.
3. 개발 및 미개발 공간 관계	The Department of the Environment, Transport and the Regions(in Planning Policy Guidance Note1) (Urban Design Group 2011)	공공의 영역을 구성하는 서로 다른 건물과 공간의 관계뿐만 아니라 동선 패턴을 확립하는 도시 내 부분 간의 관계이다. 간단히 말해서, 도시설계는 개발된 공간과 미개발된 공간의 모든 요소 사이의 복잡한 관계이다.
	Peter Buchanan(Urban Design Group 2011)	도시설계는 단순한 도시경관 이상의 것이다. 그것은 건물, 교통 체계, 개발 조직과 다른 시설들의 네트워크 구성에 관심을 가지고 있다.
4. 도시가치/도시형태	Peter Webber(Urban Design Group 2011)	시간을 통해 도시의 형태를 형성하는 과정이다.
	Doug Paterson(Urban Design Group 2011)	시민과 도시를 섞는다. 문명화된 장소의 가치와 이상을 도시체계에 구축한다.
	Cliff Moughtin, Rafael Cuesta, Christine Sarris & Paola Signoretta(Moughtin, et al. 1999)	도시설계는 사회적, 정신적, 경제적, 정치적 가치와 요건을 충족시키는 건조환경을 만드는 방법이다.
	University of Westminster MA Urban Design Course Documentation	도시설계는 건물과 그 사이의 공간을 포함한 도시의 물리적 형태와 관련 있다. 그것은 물리적 형태와 그것을 만들어 내는 사회적 요소 사이의 관계를 고려하고 공공과 민간 사이의 상호작용에 초점을 맞춘다.
	Peter Buchanan(Urban Design Group 2011)	도시설계는 질서, 연속성, 장소, 완전성, 소속감, 풍부한 경험 등 전통도시가 가졌던 특정 품질을 어떻게 되찾는가에 관한 것이다.

5.장소 만들기 예술	Carmona, Heath, Oc and Tiesdellit(M. Carmona, et al. 2010)	사람들을 위해 단순히 만드는 것이 아니라 더 나은 장소를 디자인하는 과정이다.
	-David Prichard and Jonny Mc - Alex Krieger(Kreiger 2006)	사람을 위한 장소를 만드는 예술이다.
	Jerry Spencer(Urban Design Group 2011)	공공의 삶이라는 극장을 만드는 것이다.
	By Design guide by DETR & CABE(DETR & CABE 2000)	사람을 위한 장소를 만드는 예술이다.
6. 설계방법	Peter Batchelor and David Lewis(Urban Design Group 2011)	도시맥락에서 설계하는 활동이다.
	Richard Marshall(2009)	도시설계는 사고하는 방법이다.
	Some urban designers (Urban Design Group 2011)	건물 간의 공간을 설계하는 것은 건물을 직접 설계하는 건축과는 다르다. 장소 구조에 대한 도시설계의 적절한 관심과 건물 형태에 대한 영향을 고려한다.

03 도시설계 이론

도시설계 이론은 도시설계 연구 및 실무를 하는 데 필수 불가결한 것임에도 불구하고, 그동안 도시설계 이론에 대한 학습, 연구 및 적용이 매우 꺼려졌던 것이 사실이다. 그 이유는 도시설계가 비교적 광범위한 분야를 다루지만 학문적인 체계로 등장하기 시작한 것이 늦었기 때문이다. 도시설계는 사람을 위한 공공장소를 만들어야 한다는 지식과 주장이 출현하면서 비로소 전문적인 학문으로 자리매김을 하였고, 관련 기관들과 대학들은 그때부터 도시설계를 새로운 학문 분야로 정당화했다. 도시설계가 학문으로 발전하기 시작한 것은 1909년 영국 리버풀대학에서 Civic Design Program, 1910년 미국 하버드대학에서 Civic Design Program 그리고 1954년 미국 펜실바니아대학 건축과에 Civic Design Program이 신설되면서부터이며, 체계적 교육은 1960년에 미국 하버드대학에 도시설계 프로그램(Urban Design Program)이 신설되면서 도시의 물리적 환경과 사회적 · 경제적 측면을 접목시킨 최초의 도시설계 교육이 시작되었다.

도시설계 이론의 유형화와 관련하여 단지 도시에 대한 이해만 제공하는 것들은 도시설계 이론으로 받아들이기는 매우 어려운데, 이러한 이론은 도시설계에 간접적으로 영향을 미치지만, 도시설계와 직접 관련된 이론은 아닐 수 있기 때문이다. 도시설계에 영향을 미치는 이론들은 무궁무진하게 존재하고 있는데 그것은 도시설계가 모든 전문분야에서 영감을 받는 것처럼 보이기 때문이다(Carmona, 2014).

도시와 관련된 문제들은 한 번에 해결하기 어려운데, 도시는 삶의 유적으로 그곳에서의 삶은 변하고 도시 모습 또한 달라질 수밖에 없기 때문이다. 도시는 인간의 출생, 성장, 노력, 성공, 실패 그리고 죽음과 맞닿아 있는 물리적 총체이므로 도시의 이러한 불확실성과 복잡성에 대처하면서 끊임없이 사회로부터 배우고 그에 따라 변화한다는 특징을 도시설계도 가지고 있다. 예를 들어, 좋은 공간을 디자인하기 위한 가치와 규범은 시간의 흐름에 따라 다양하게 나타나기 때문이다. 도시설계는 사람들을 위해 좋은 공공장소를 만드는 것을 목표로 하지만, 도시설계는 좋은 환경에 대한 공통된 이해에도 관심이 있다. 좋은 환경에 대한 이해와 요구는 철저하게 변화하고 있으므로 도시설계 이론과 사용자의 요구 사이의 관계는 유연해야 하기에 도시설계 이론도 모든 상황에 따라 언제나 따라야만 하는 고정된 모델로 볼 수는 없을 것이다.

또 다른 특징은 도시설계의 절대적인 참과 거짓이 없다는 것으로 도시설계 결과물에 대한 서로 다른 결정에 대하여 어떤 것이 더 좋은 것인지, 아니면 더 나쁜 것인지를 비교하게 된다(Carmona et al., 2003; Moutin, 2003). 그런 경우 〈그림 1-2〉처럼 최소한 디자인 근거가 이론에서 나왔다면 결과물에 대해 확신을 가지게 되고 올바른 결정임을 입증할 수 있을 뿐만 아니라 도시공간 소비자들에게도 신뢰를 줄 수 있을 것이다. 이것이 바로 실무에서 이론이 필요한 이유다.

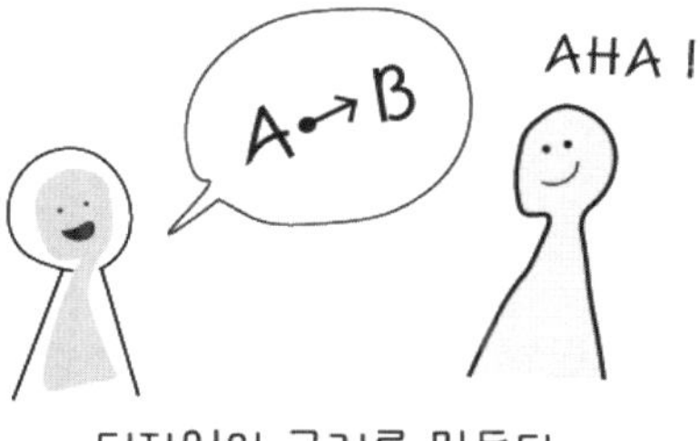

<그림 1-2> 디자인에서 이론의 필요성

이론은 지속적인 발견과 발전이 필요하며 이에 앞서 도시설계와 관련된 이론들도 정리되고 유형화될 필요성이 있는데, Arrabi(2016)이 도시설계 분야 서적을 중심으로 〈표 1-2〉와 같이 3가지로 이론을 유형화하였기에 그 내용을 중심으로 살펴보았다.

<표 1-2> 도시설계 이론, 문제점과 방법론

이론가	이론의 초점	문제	이론을 차용한 분야	누구의 도시설계를 언급하는가	이론 구축 방법
Lynch	도시 이미지	도시의 가독성	심리학	-	사례 연구를 통해 5가지 요소 도출
Lynch (Good City Form)	규범적 도시 이론	좋은 설계와 나쁜 설계는 무엇인가?	-	린치	상식, 도시 형태 연구
Gosling	도시설계 지식	도시설계란 무엇인가?	-	린치, 쿨랜, 제이콥스	지식공부
Jacobs	도시성	살 수 없는 도시	경제, 사회학	베이컨	도시의 개인적인 실험, 상식
Cullen	시각적 측면	불량한 건조환경	건축	-	역사도시 관찰
Alexander	프로세스 설계	전체론적 도시환경	-	-	장소 설계의 그룹 실험(검증 도구로서의 상식)
Lang	행동 이론 만들기	행동설계를 위한 이론적 프레임워크의 부족	환경학, 철학	린치	건축환경 이론에 행동 연구 적용
Moudon	도시설계 연구분야	도시설계 논의와 참고문헌의 모호성	-	-	도시설계 연구분야의 분류
Ellin	도시설계의 역사적/지적 경향	-	지식학, 역사학	-	도시설계와 관련된 역사적 경향, 효과 및 이동에 관한 연구
Cuthbert	정치경제학적 도시설계이론	정치경제와 도시설계의 연결성 약화	사회학, 경제학, 철학	-	정치경제학을 바탕으로 한 도시설계론 비판
Lang	절차, 제품 및 패러다임의 유형학	알고 있는 것만을 체계화	-	엘린, 존랑	유형학 제안, 사례 연구별 지원
Madanipour	도시설계와 사회과학의 연관성	사회공간적 분야로서의 도시설계에 대한 이해 부족	사회과학, 도시계획, 건축	-	도시변화에 대한 지식과 힘의 현황에 관한 연구

■ 제1유형: 도시설계 주제에 대한 이론

제1유형에 속한 이론들은 도시설계 주제에 초점을 맞추며 의도된 결과를 얻기 위해 해야만 하는 것을 이야기하고 있는데 예를 들어, The Image of the City(Lynch, 1960)는 더 명확한 인지지도를 달성하기 위해 무엇을 해야 하는지를 알려주고 있다. 제1유형 이론은 'what-if'와 유사하며, '사건을 통제할 수 있는 잠재력'을 제공한다. 그러나, 이러한 이론의 특징은 실제 도시 생활의 한 가지, 즉 구체적인 측면이 강하며 실제로 설계자는 특정 사례에 맞게 이러한 이론을 응용하려는 경향이 있다. 이 범주의 이론은 종종 건조환경에 대한 문제 점들을 설명하는 것으로 시작하고, 다른 경우에 적용될 수 있는 둘 이상의 매개 변수 사이의 관계를 설명하는 일반적인 개념으로 정리한다.

이런 유형은 전문가들 간의 토론에서 이론이란 용어로 사용되지 않으며 민주주의, 안전, 정의 또는 상식과 같이 널리 받아들여지는 가치들을 반영하는 경향이 있고, 이러한 유형의 이론은 그 핵심에 하나 이상의 응집력 있는 개념을 가지고 있다. 그러나 각각의 내용은 서로 다른 배경을 가지고 인간의 지식과 이를 뒷받침하는 연구 전략에 반영되고 있으며 다음과 같이 분류될 수 있다.

● **매스와 공간 구성에 대한 이론**(예: Collage City(Rowe and Koetter,1978), Space Syntax(Hillier and Hanson, 1984) and Finding Lost Space(Trancik, 1986), City Planning according to Artistic Principles(Sitte, 2013))

도시를 물리적으로 형상화하는 방법을 설명하는 이론들로 전통적으로 2차원을 포함하지만 3차원도 고려하기도 하며 형태학적 주장에 가깝다. 때때로 도시 격자와 형상의 사회적 영향도 고려하며 이 주제에 관한 문헌에는 풍부한 예시가 있고 다양한 전략들이 제시되어 있다. Sitte(2013)의 경우는 예술적 가치를 더 중요시 하지만 도시공간에 대한 과학적 연구를 기반으로 한다.

● **공공공간의 시각적 측면에 대한 이론**(예: Townscape(Cullen, 2012))

3차원 설계가 어떻게 발생해야 하는지를 설명하는 이론들로 건물의 입면과 그 맥락 안에서 새로운 건물의 구성에 대한 이론들이 포함된다. 건축 디자인은 전통적으로, 이 범주를 충족시키지만, 최근에는 기호학적 연구와 시각적 인류학 연구에 적용되고 있다.

● **도시 이미지에 대한 이론**(예: The Image of the City(Lynch, 1960))

도시 이미지를 설명하는 이론들로 도시설계에서 중요한 주제로, 이와 관련된 이론은 Lynch의 도시에 대한 사람들의 인지지도와 건조환경에 대한 사람들의 인지 결과를 기반으로 이론화하는 것들이 포함된다.

● **안전에 대한 이론**(예: The Death and Life of Great American Cities(Jacobs, 1984))

복합적 토지이용, 중소 규모 블록 크기, 가로공간의 활동증진, 보안과 안전을 가져오기 위한 거리의 눈과 같은 전략을 제시하기도 하는 이론들로 이와 관련된 이론들로는 CPTED(crime prevention through environmental design) 등이 있으며 현대 도시에 대한 비판적인 평가뿐만 아니라 환경 심리 연구에도 영향을 받았다.

● **사회적 상호작용에 대한 이론**(예: The Social Life of Small Urban Spaces(Whyte, 1980)과 Life Between Buildings(Gehl, 2011))

사회적 상호작용을 강화하고 공공장소를 더욱 쾌적하게 만들기와 관련된 이론들로 이러한 유형의 도시설계 이론은 점점 더 포괄적인 것으로 변해가고 있는 것으로 보인다. 관련 이론들로는 POPS(private own public space) 등이 있으며, 오늘날 사회 자본으로서 공공장소와 공공간의 상호 작용에서의 다른 집단에 대한 논쟁들이 이 범주에 속한다.

● **정체성, 역사 공부, 도시 의미에 대한 이론**(예: Collage City(Rowe and Koetter, 1978, Urban Space(Krier, 1993)), The City Shaped(Kostof, 1999))

디자인 원리를 통해 정체성을 파악하고 강화하려 하고 있으며 도시의 역사와 현재 도시의 의미에 관한 것을 대상으로 하는 이론들로 건조환경을 역사적으로 만들어진 사회 의미를 전달하는 상징적 잠재력을 가진 도구로 간주한다. 건조환경의 의미에 대한 고전적인 사례들은 대부분 건조환경에 대한 정치적 이론들에 가깝고, 최근의 것들은 전형적으로 포스트모던 맥락에서 다른 행위자들과 힘에 관해 이야기한다.

제1유형에 속하는 또다른 하위 범주 이론들도 있는데 도시설계와 경제, 도시설계와 건강, 도시설계 관리 및 지속가능성 등이 있다.

■ 제2유형: 도시설계 대상에 대한 이론

제1유형에 속하는 이론들은 아쉽게도 도시설계에 대한 종합적인 견해를 주지 못할 뿐만 아니라 이론적 맥락을 제공하지 못한다는 특징을 지니고 있다. 따라서 이런 단점을 극복하기 위해서는 제1유형에서 나타나는 파편화된 이론들을 의미 있게 하기 위해 다른 측면에서의 접근이 필요한데, 이것이 바로 도시설계를 응집영역(cohesive field)이란 학문적 분야로 규정짓게 되는 사유이다. 이러한 이론들은 의식적 활동인 설계를 통해 도시장소를 어떻게 조성할 수 있는지 설명한다. 제1유형을 도시설계 내부(in urban design) 이론으로 본다면 제2유형은 도시설계 분야가 다루는 대상에 대한 이론으로 볼 수 있다.

도시설계 대상에 대한 이론은 앞선 제1유형 이론에 기초하여 공공공간의 특정 측면을 개선할 수 있는 이론들을 포함하거나 공공공간을 전반적으로 개선할 수 있는 포괄적이고 주도적인 분야로 만들려 노력하고자 한다. 도시설계 대상을 이론화하려는 시도는 도시설계 대상이 무엇인지에 대한 종합적 견해를 제공하는 것(서술적 강조)과 도시설계 대상을 개선하는 방법을 설명하는 것(규범적 강조)로 나누어지는데 이러한 분류화는 2개 하위그룹이 근본적으로 개별적이라는 것을 의미하지는 않지만, 대상 설정 그리고 개선 방법이라는 관점으로 분리한다면 차별화될 수 있을 것이다.

● **도시설계 대상이 무엇인지에 대한 종합적 견해**(서술적 강조, descriptive emphasis)

학자들마다 도시설계 대상에 대한 이해가 각각 다르지만, 이 범주에 속하는 서적들도 도시설계의 대상과 관련한 내용을 주로 포함하고 있다. A Theory of Good City Form(Lynch, 1981)와 Public Places Urban Spaces(Carmona et al., 2003)가 이 범주의 예로써 매뉴얼은 제공하지 않지만, 주제에 대한 이해와 통찰력을 제공해준다.

● **도시설계 대상을 개선하는 방법에 대한 설명**(규범적 강조, prescriptive emphasis)

이 범주에 속하는 서적들은 앞선 분류에서 나오는 도시설계 대상과 관련된 다양한 토론들이 진행될 수 있게 만드는데 Responsive Environments(Bentley, 1987)는 이 범주에 속하는 초기 서적 중 하나이다. 도시설계 실무에서는 가이드라인에 대한 수요가 많아서 비슷한 취지로 쓰인 가이드라인들이 많고 어떤 경우에는 일반적인 문제에 대해 보편적인 가이드라인, 예를 들어 투과성을 개선방안으로 제공하기도 한다(Bentley, 1987). 이러한 보편적인 개선방안을 적용할 때는, 이론이 해당 문제에 대하여 즉각적인 이해를 주도하지 않도록 하는 것이 중요하다. 그렇지 않으면, 상황에 주어진 보편적인 개선책이 더 많은 문제를 일으킬 수 있기 때문이며 즉, 일반적인 개선방안에 대한 맹목적 적용은 새롭고 창의적인 사고를 할 수 있는 것을 제한할 수 있기 때문이다. 제2유형 이론은 다양한 분야의 이론을 종합하고 있는 도시설계 이론의 특징을 이해할 수 있게 하지만 일부는 이런 사고에 부합하지 않을 수도 있다.

제2유형 이론은 도시설계 분야에서 사용될 경우 때때로 논란이 될 수 있는 개념들에 대한 이론적 논쟁이 필요한데, 예를 들어, Making People-Friendly Towns(Tibbalds, 2000)에서는 이론을 묶어주는 핵심 개념으로 장소 개념을 응용했기 때문이다.

제1유형 이론과 제2유형 이론을 구분하게 해주는 것은 이론이 가지는 포괄성인데, 포괄성이라는 것은 상대적인 개념으로 출판 시 포괄적이라고 간주하였던 서적들이 나중에는 포괄적이지 않을 수도 있기 때문이다. 이러한 사례는 Finding Lost Spaces(Trancik, 1986)가 있는데 한때 도시설계와 관련되어 포괄적 이론이라고 간주되었는데, 도시설계와 관련한 논쟁이 발전되면서 더 이상 제2유형으로 분류되지 않기 때문이다.

이론과 관련한 서적을 제2유형으로 구분함으로써 이러한 서적이 과연 새로운 이론을 제공하는 것인지 또는 오래된 이론들을 새롭게 조합한 것인지를 결정해야 할 문제가 발생되는데 Urban Design Handbooks(Llewellyn, 2000; Cowan, 2002)과 Urban Design Reader(Carmona and Tiesdell, 2007; Larice and Macdonald, 2007)가 그러한 대표 사례이다. 이런 서적은 단지 앞선 이론들에 대한 새로운 합병일까? 아니면 새로운 논쟁을 제안하는 것일까? 이 질문에 대한 확실한 답은 없을 수도 있는데, 몇몇 서적들은 이론을 집대성한 것과 완벽한 이론 간의 경계에 있다고 판단 될 수 있기 때문에 아마도 제2유형에 해당할 것이다.

■ 제3유형: 도시설계 지식에 대한 이론

제3유형 이론은 도시설계와 관련된 실제 지식을 연구 대상으로 간주하는 이론을 포함하며 그러한 이론은 상대적으로 특정 사례 연구에 관심이 적고 그로 인해 도시설계에 직접적인 영향을 미치지 않을 수도 있다. 일반적으로 제3유형 이론은 제2유형 다음에 등장하는데, 이러한 사례로 도시설계는 공간과 사회적 과정 모두에서 유래한다고 주장하는 Design of Urban Space(Madanipour, 1996)가 있고, Urban Design(Lang, 2005)에서는 도시설계 프로젝트, 절차 및 패러다임을 이해하기 위한 이론적 프레임워크를 제안하고 있다. 제3유형에 속하는 이론은 실제로 도시설계 작업을 하는 데 도움이 되지 않는다는 비판을 받을 수도 있는데 도시설계의 실천적 특성을 고려할 때 도시설계 이론으로 간주하는 것에 대한 반감이 있을 수 있기 때문이다. 그럼에도 불구하고 이러한 이론은 도시설계에 대한 이해도를 증진시키기 때문에 유효한 이론으로 간주 한다.

제3유형에 해당하는 서적은 제1유형과 제2유형의 범주에 속하는 이론에 대한 지적 연구로 일반적으로 대학원 및 연구기관의 연구 과정에서 발견된다. 여기에는 구별할 수 있는 두 개의 하위 범주가 있는데, 첫 번째는 타분야 관점에서 도시설계 지식을 연구하는 유형과 두 번째는 도시설계 스스로 이론적 영역 안에서 출발하여 도시설계 지식을 연구하는 유형으로, 둘 다 도시설계에 대한 이론을 구축하려 하지만, 그들의 목적은 약간씩 다르다.

● 타 분야 관점에서 도시설계 지식을 이론화

이 유형은 보통 사회과학에서 사용하는 근본적인 개념을 적용하여 도시설계 분야를 정의하려고 하는데 예를 들어, Design of Urban Space(Madanipour, 1996)에서는 사회과학 관점에서 바라본 공간 개념을 핵심 요소로 하고 있다. 이 책에서 공간은 사회적 생산이며, 힘과 경제와의 피할 수 없는 관계가 매우 중요하다고 적시하고 있다. 이 범주에 속한 서적들은 일반적으로 도시 형태와 그에 관련된 지식을 사회경제적 힘의 확장으로 설명하며 종종 두 번째 하위 범주보다 도시공간의 물리적 형태를 연구하는 데는 관심이 크지 않다.

● 내부로부터 도시설계 지식을 이론화

이 범주에 속하는 서적들은 도시설계 담론이 가진 현존하는 문제들에 기반을 두고 있으며 그들의 주장은 다양한 분야에서 이루어지고 있는 논의를 통해 실제 공간과 그것이 변화하는 방식에 관심을 가지고 있다. 이러한 서적은 앞선 하위 범주에 비해 기존 지식 체계에 대해서는 덜 비판적이지만 이 범주에 속할 수 있는 서적은 많지 않다.

■ 어떻게 3가지 유형이 작동할까? 도시설계 이론에 대한 3단 모델

여기서 제시된 도시설계 이론 유형은 각 유형의 개념과 상호 관련되어 있다: 두 번째 유형이 되려면 첫 번째 유형이 필요하고, 세 번째 유형이 되려면 첫 번째 및 두 번째가 필요하다.

이것은 이러한 이론들이 다음 유형이 되는 형태로 작동하고 있다는 것을 의미한다. 이러한 분류는 도시설계 이론과 다른 학문 분야와의 연관성을 강조할 수 있는 잠재성을 가지게 한다. 그러나 제1유형의 이론은 다른 분야에서 차용할 수도 있지만, 제2유형의 이론은 다른 분야의 전체 이론을 차용할 가능성은 적고, 제3유형의 이론은 도시설계와 다른 분야간의 관계를 규정하는 데 도움이 된다.

도시설계 이론들은 서로 다른 생성 시기로 거슬러 올라가지만, 20세기 후반이 되어서야 도시설계를 제2유형인 응집영역 성격을 가진 분야로 보는 이론적 틀이 나타났다. 즉, 제2유형 이론이 강조하는 "사람을 위한 공공장소"의 개선을 주장하는 포괄적 지식이 나타나면서 도시설계가 학문 분야로써 성립되기 시작하였으며, 연구 기관들과 대학들이 그제서야 도시설계를 학문분야로 정당화하기 시작하였다.

여기서 언급하고 있는 세 가지 유형의 도시설계 이론 간의 상호작용을 이해하게 되면 학계와 실무에서는 이러한 이론들을 적용할 수 있는 틀을 제공할 수 있을 것이며, 제안된 유형은 도시설계 이론의 발전과정을 좀 더 종합적으로 설명하면서 일반인들의 도시설계에 대한 이해를 증진시킬 수 있는데 도움이 될 것이다.

04 도시설계 실무

4.1 도시설계 실무

도시설계는 도시계획과 건축 사이의 간극을 메우는 것 또는 연결고리로 종종 설명되기도 하는데, 일반적인 건축과 달리 도시설계는 최종 건축물을 세부적으로 설계할 필요는 없지만, 건축물 간의 공간 및 공간과 공간에 대한 관계 등 주요 속성을 정의해야 한다. 도시설계는 개발 및 재생 과정에 사용될 때 가장 유용한데, 올바른 비전을 설정하고, 공통된 가이드라인을 만들어내고, 지역주민들이 가지고 있는 니즈들을 잘 반영하여 궁극적으로 도시공간과 관련된 중요한 세부적 내용들에 초점을 맞추는 역할을 하기 때문이다. 특히 개발과정 초기에 투입되는 도시설계 시간은 추후 사업추진 과정에서 발생하게 될 수 있는 시간과 비용을 절약할 수 있게 해주며, 더 많은 이해 관계자에게 만족스러운 결과를 가져다 줄 수 있기에 도시설계분야 전문가들은 디자이너(Designer), 조정자(Coordinator) 및 연구자(Researcher) 역할을 수행할 것을 요구받고 있다.

1) 디자이너(Designer)로서의 역할

도시디자이너의 가장 중요하고 기본적인 역할로 도시의 물리적 환경을 구성하는 요소들의 형태적 · 기능적 관계를 설계하며 국내에서 Master Planner란 이름으로 신도시, 도시재생,

주거단지 등의 사업에 참여하여 토지이용, 개별 건축물의 형태, 용도, 외부공간 설계, 도로 및 보행체계 설정, 기반시설의 위치 및 용량 산정 등 타 분야의 전문가들과 함께 설계를 주도하게 된다. 또한 도시기반시설 디자인 분야로 공원, 녹지, 보행로, 도로, 교량, 하천호안관리 등 도시 내 공공환경의 시각적 품질 향상 및 설계 등도 담당하게 된다. 그리고 도시공간의 문제가 무엇인지 파악하고, 그 지역의 맥락은 무엇이고, 어떤 특성을 지니고 있는지를 다각적으로 분석하고, 유지 및 보존해야 할 가치가 무엇이 있는지 판단하면서 설계비전, 설계목표 및 목표 달성을 위한 디자인가이드라인 설정도 하게 된다.

2) 조정자(Coordinator)로서의 역할

도시디자이너는 상이한 분야 간, 다양한 주체 간 이해관계를 조정하는 조정자로서의 역할을 요구받고 있는데 중립적인 위치에서 사회 · 경제 · 문화 등 다양한 가치들을 평가하여 우선순위 등을 설정하고 적절한 합의를 도출하는 역할을 수행하게 된다. 하나의 공통된 비전을 만들어 내기 위해서 도시디자이너는 다양한 전문가와 기술자의 의견을 조율하고 협력을 이끌어낼 수 있어야 하며 그로 인해 다양한 분야의 지식습득을 필요로 하고 있다. 신도시 관련 총괄 Master Planner 및 도시재생 총괄코디네이터 역할을 수행할 경우, 도시디자이너는 더욱 더 조정자로서의 역할을 하게 되며, 도시설계관련 인허가를 담당하는 공무원도 공공과 민간의 이해관계를 잘 조정하는 조정자 역할을 하게 된다.

3) 연구자(Researcher)로서의 역할

물리적 환경을 설계하는 디자이너 및 조정자로서의 역할 외에 도시디자이너에게는 실무 작업을 이론적으로 지원해 줄 연구가 필요하다. 예를 들어 공통적으로 추구해야 할 공공공간의 가치는 무엇인지? 변화되고 있는 도시에 적정한 패러다임은 무엇인지? 도시설계 기법에 대한 실제적 효과 분석 및 검증 등을 실현하는 연구자가 필요하다. 대학의 대학원, 설계사무소 부설연구소, 국책연구소 및 공기업 연구소에서 도시설계 관련 연구를 하게 된다.

도시디자이너를 협의와 광의로 구분해 본다면 작업내용을 기반으로 숫자, 텍스트 및 통계보다는 다이어그램, 스케치 및 도면 등을 통해 창의적인 설계 아이디어를 표현하는 1)

의 역할을 하는 사람들을 협의적 의미의 도시디자이너로 볼 수 있고 2) 및 3)의 역할을 하는 사람들은 광의적 의미의 도시디자이너로 볼 수 있겠다. 작업 장소로 구분해본다면 1)은 주로 설계실무분야로 도시설계 사무소에서 3)은 연구분야로 학교 및 연구소에 2)는 1)과 3)을 기반으로하여 장소와 무관하게 진행될 수 있다.

Frederick과 Mehta(2018)은 "우리가 알아야 할 도시디자인 101"에서 도시디자이너에 대한 역할 및 특성 등에 관하여 기술하고 있는데, 도시디자이너의 책무는 물리적인 공간(space)을 디자인하는 것이 궁극적인 목표로, 그 공간이 사용자들에 의해 사랑받는 장소(place)가 되도록 하는 것이라고 하였는데, 공간은 물리적인 환경이지만, 장소는 사람들이 개인적으로 애착을 갖는 공간으로 이 애착은 수십, 수백 년에 걸쳐 공간을 변화시키고 풍부하게 하기 때문이다. 그들에 의하면 "도시디자이너는 명목상 설계과정을 주도하지만, 완강한 집단의 구성원이 될 때가 종종 있으며 도시디자이너의 역할은 구체적이기보다는 인상적이고, 처방을 내리기 보다는 방향을 제시하는 것이고 그러다 보니 도시디자이너의 구상과 결과가 동떨어지곤 한다. 도시디자이너의 계획과 도면은 최종 답안이기보다는 논의를 돕는 수단이어야 하고 도시디자이너는 어떤 면에서 에고이스트(egoist)가 되어야 하며 물리적인 환경과 그 안에서 살아가는 사람들의 삶을 형성하는 주체로 자신감, 신념 및 담대함이 필요하다. 동시에 도시디자이너는 모든 것을 통제하거나 소소한 것까지 다 조정하려는 욕망을 자제하여야 하며, 전체 과정이 단 한 사람에 의해 이루어지지 않는다는 것을 받아들여야 한다. 도시디자이너로서는 당혹스럽겠지만, 이 점은 도시디자인이 매력적인 이유이기도 하며 도시디자이너는 작업이 끝난 이후에도 스스로를 초월하여 사람들의 삶을 형성하는 노력에 끊임없이 참여하게 된다."고 서술하고 있다.

도시설계과정에서 충돌하는 이해관계, 서로 다른 쟁점, 물리적 제약, 규제, 예산 그리고 수많은 다른 문제들로 프로젝트의 진행 속도가 늦춰지기도 한다. 상황을 복잡하게 만드는 다양한 문제들이 필요 없다고 느껴질 수도 있지만, 문제를 해결하는 과정에서 도시는 풍부해지며 협상이 복잡해질수록 해결책은 더욱 정교해진다. 도시디자이너는 개발 관련 이해 집단들의 당면한 관심사를 넘어 계획 적용에 필요한 경계선상까지 바라보고 다른 디자인 팀과의 협업을 통해 외부에서 발생될 수 있는 쟁점들과 이와 관련하여 단지, 방어적 논리가 아닌 도시설계 이론과 창의적 논리에 기반하여 대응할 수 있어야 한다. 이와 관련 "도시설계 I(2014)에서는 도시디자이너가 가져야 할 도시설계의 핵심원칙으로 〈표 1-3〉의 내용을 제시하고 있다.

<표 1-3> 도시설계의 핵심원칙

1. 사람을 위한 장소(Places for People)
어떤 장소가 잘 이용되고 사랑받기 위해서는 안전하고 편하며 다양하고 매력적이어야 한다. 또한 독특함, 다양성, 즐거움을 제공해야 한다. 활력 있는 장소는 사람들이 만나고, 휴식하고, 정보를 공유 할 수 있는 기회를 제공한다.

2. 장소성 풍부하게 하기(Enrich the Exiting)
새로운 개발은 기존환경의 장소성을 풍부하게 해야 한다. 즉 장소의 특징은 살리고 문제점을 보완하는 것이다. 이 원칙은 지역, 도시, 마을, 근린주구, 가로계획에 이르기까지 모든 범위에 적용된다.

3. 연결성 강화하기(Make Connections)
장소는 찾아가기 쉽고 물리적, 미관적으로 주변 환경과 조화가 될 수 있어야 한다. 이를 위해 보행자, 자전거, 대중교통에 대한 우선적인 고려가 중요하고 자동차 동선에 대한 고려도 필요하다.

4. 자연환경과의 조화(Work with the Landscape)
자연과 건조환경이 조화를 이루고 에너지절약적이며, 쾌적한 장소를 만들기 위해서는 고유자원(기후, 지형, 경관, 생태환경)의 적극적 활용이 필요하다.

5. 복합용도와 형태의 다양화(Mix Uses and Forms)
활기차고 편리하며, 즐거움을 주는 공간은 다양한 이용자들의 폭넓은 요구사항을 수용할 수 있어야 한다. 이를 위해서는 건물의 형태와 용도, 소유방식, 밀도의 다양성 확보가 중요하다.

6. 사업성 확보 및 유지관리(Manage the Investment)
프로젝트의 성공을 위해서는 사업성 확보와 유지관리가 중요하다. 이를 위해, 개발이윤의 극대화를 우선하는 개발업자의 특성을 이해하고, 지역주민들의 장기적인 참여통로를 보장하며, 이들 간의 이견을 조정하고 통합하는 실현체계를 수립해야 한다. 또한 이러한 부분을 설계과정의 하나로 인식하는 것이 필요하다.

7. 변화에 적응할 수 있는 설계(Design for Change)
새로운 개발은 미래의 용도와 생활방식, 인구구조의 변화에 유연하게 대응할 수 있어야 한다. 이를 위해 에너지와 자원 이용의 효율성 제고를 위한 설계가 필요하다. 즉 공공공간, 건물, 기반시설의 가변성을 확보하고 기존의 주차 및 교통체계에 대한 새로운 인식전환이 필요하다.

4.2. 도시설계 결과물

20세기에 들어서 도시에 거주하는 시민들은 기존의 도시계획과 건축 분야가 만든 도시공간이 도시민들의 요구에 적합하게 부응하지 못하고 있는 것을 목격하면서, 다른 전문 분야와 일반 대중 사이에서 그동안 잘 알려지지 않았던 도시설계에 대한 인식과 관심이 높아졌고 지금도 더욱 높아지고 있다. 국내는 1980년대에 도시설계가 제도로써 도입된 후, 2019년부터는 도시설계의 필요성이 새롭게 조명받으면서 도시건축통합계획 또는 3차원 입체계획이라는 계획체계를 3기 신도시에 적용하고 확산시키고 있다. 이러한 변화는 개발과정 초기에 도시설계에 투입되는 시간이 추후 발생하게 되는 부가적인 시간과 비용을 절약할 수 있게 하고, 더 많은 이해 관계자를 만족시키는 양질의 도시공간을 만들 수 있다는 사실과 도시설계의 중요성에 대한 자각이 일어났기 때문이다. 세계에서 가장 매력적이고 가보고 싶은 도시 중 일부가 어떻게 만들어지고 작동하는지에 대한 교훈은 오늘날에도 여전히 교과서처럼 학습되고 있는데 Edinburgh, Paris, 또는 Manhattan 등이 그런 도시이며 종종 우리가 휴일에 방문하고 싶은 장소는 우연의 산물이 아니다.

도시디자이너는 전략적이면서도 지시적이고 구체적이면서도 상세한 설계 아이디어와 결과물을 생산할 수 있으며, 다이어그램, 스케치, 도면 및 보고서 등으로 전달하며 도시설계 결과물이 가진 몇 가지 특징은 다음과 같다.

● 도시설계는 비전 제시적이다.

도시설계는 도시공간에서 이루어지는 투자나 변화에 따른 경제적, 사회적, 환경적 이익을 장기간에 걸쳐 전략적으로 보여주는 '비전'을 만들게 된다. 이것은 보통 지역의 미래 특성과 사람들이 도시공간을 어떻게 사용할 것인지를 설명하기 위해 10~20년의 시간을 예상하는 비전을 통해 전달되고, 그런 다음 개발 프레임워크로 이를 보완하여 비전을 실현할 주요 목표 및 전략 등을 제시하게 된다.

● 도시설계는 사실인정적(fact-finding)이다.

도시설계는 도시디자이너들이 미래의 선택지를 식별하기 위해 장소들에 대한 자료와 증거를 수집하고, 맥락상 변화나 발전의 실현 가능성 및 실행 가능성을 검토하는 등 사실인정적 특성을 가지고 있다. 예를 들어, 교통 및 도시 인프라 용량, 개발 특성과 밀도, 환경 용량 문제(이산화탄소 등), 지역 커뮤니티의 요구와 가치 등에 따른 대안 또는 최적 맞춤 시나리오에 따른 권장 사항 등을 제공해 준다.

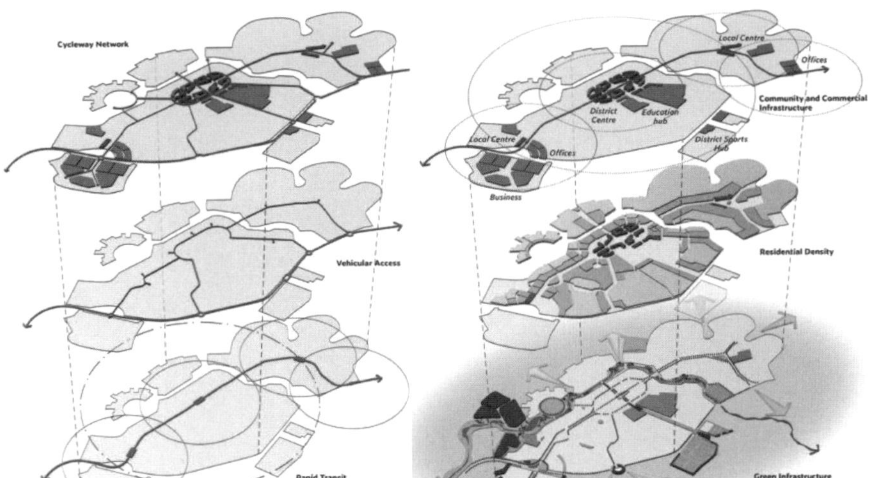

● 도시설계는 시각화가 중요하다.

도시설계 결과물은 주로 마스터플랜, 스케치, 3D 모델 그리고 다른 성공적인 장소들의 사진과 같은 시각적 자료를 사용하여 결과물을 설명하며 중요한 지역의 특성, 랜드마크 및 공공공간의 강조가 포함되고 예시적인 마스터플랜은 종종 설계 지침을 작성할 수 있는 근거가 됨을 보여주고 있다. 예를 들어 3기 신도시에서 수립된 지구계획과 지구단위계획은 승인된 후 진행되는 다양한 건축설계공모지침서의 근간이 되고 있다.

● **도시설계는 도시관리 설명서 및 지침서이다.**

대상지에 대한 마스터플랜은 계획 동의 및 승인을 얻는 데 필요한 토지이용, 필지 및 획지계획, 건물, 도로, 개방공간의 용도, 규모, 형태 및 위치 등을 포함하고 있다. 지자체 도시설계 담당자는 마스터 플랜을 기반으로 사업 대상지별로 필요한 주요 특성을 정리한 개발개요를 준비할 수 있으며, 이를 통해 향후 개발자들은 이 지침에 대응하여 계획 및 설계를 제안할 수 있게 된다. 마스터플랜과 설계 가이드라인은 필지별 필요사항을 한데 모은 것으로 개발 제안을 승인받기 위해서는 반드시 준수해야 할 내용들이다. 따라서 도시관리를 위해서는 매우 중요한 사항이기 때문에 심혈을 기울여 작성되어야 하는데, 예를 들어 신도시계획에서 고시된 지구단위계획은 사업이 완료된 후에는 그 지역을 관리하는 도시관리계획이 되며 또한 지자체에서 운영되는 제반 심의위원회의 심사기준으로 작동한다.

4.3. 이론(연구)와 설계의 협업

도시디자이너가 담당하는 업무는 도시 고유의 복잡성과 다양한 쟁점 등으로 인해 항상 도전적인 성격을 가진 과제가 되며 새로운 장소를 만들거나 도시, 마을 및 주거지에 있는 기존공간에 관한 새로운 인식을 불러오기도 한다. 도시설계 이론과 설계 사이의 상호작용에 초점을 맞춘 연구는 매우 제한적으로 Ter Heide와 Wijnbelt(2007)는 도시설계분야 종사자들을 위한 지식의 원천은 다음과 같은 것들이 있다고 하였다.

① 부분적이지만 고객 요구사항 및 지침 형태로 받은 정보
② 전문적이고 개인적인 경험
③ 설계관련 문헌
④ 동료로부터 얻은 지식
⑤ 보조연구
⑥ 직관

유능하고 경험이 풍부한 도시디자이너는 보통 앞에서 언급되고 있는 직관을 사용하여 좋은 디자인(good design)을 제시할 수도 있지만, 프로젝트가 더 복잡하고 다면적으로 될 때는 도시디자이너의 직관만으로 좋은 결과를 담보할 수 있는 것은 아니다. 설계자들이 이론을

배울 수 있는 쉬운 통로는 주류 미디어를 통해서인데, 이러한 범주 중 일부는 이론에 관한 것이 아니며, 고객이 제공한 정보는 대부분 특정 사례에 관한 내용이다. 좀 더 과학적이고 객관적인 정보(연구 결과)를 바탕으로 설계 관련 의사결정을 하기 위해서는 연구 분야와의 협력은 필수적이며 연구 분야 또한 설계 분야와 서로 분리되어 독립적으로 성장할 수 없는데 그 이유는 도시설계가 가진 실용적 특성 때문이다.

연구와 설계 간의 협력 필요성은 연구자와 설계자가 각각의 분야에서 가진 한계점을 극복하고 시너지 효과를 발생시킬 수 있기 때문이다. 연구자들은 이론에 기반을 두고 도시설계와 관련된 요소(변수)들이 도시공간 이용자들에게 미치는 영향에 대한 분석, 기록 및 가설 검증이 가능하지만, 연구 결과를 바탕으로 획득한 정보가 설계에 어떠한 영향을 미칠지 예측할 수 없다는 한계점을 가지고 있다. 이와 반대로 설계자들은 사용자의 요구변화에 맞추어 도시공간에 대한 재평가 및 재설계가 필요한데, 설계 결과가 이용자들에게 어떠한 영향을 미치는지에 대한 평가가 어렵기 때문이다. 연구자와 설계자의 협력 타당성은 각각의 분야에서 독립적으로 해결하기 어려운 광범위한 차원의 도시문제를 해결할 수 있고 각각이 독립적으로 제시한 해결방안과 관련하여 혹여나 나타날 수 있는 부작용을 완화시킬 수 있으며 협력을 통해 변화하는 도시 현실의 가변성에 보다 유연한 대응이 가능하기 때문이다.

연구자가 설계자 간의 협력과 관련해서 설계자는 도시공간을 설계할 때 참고할 수 있는 실제 이용자 그룹을 찾기가 어렵지만, 연구자는 도시공간을 사용한 이용자, 물리적 환경, 상황과 유사한 조건에 대한 연구사례정보를 설계자에게 제공할 수 있으며, 설계자는 이러한 정보를 바탕으로 여러 가지 조건을 가정하면서 설계를 진행할 수 있기 때문이다. 즉 사용자 요구와 관련하여 연구 분야에서 제공한 정보를 바탕으로 어떤 설계 결정이 효과적인지 판단할 수 있는 것이다. 이와 반대로 설계자가 연구자와의 협력과정에서 설계자는 설계과정에서 연구자가 제공한 정보를 어떻게 활용하였는지, 설계의도와 추후 사용자가 보여줄 반응은 무엇일지 예상 등에 대한 정보를 연구자에게 자료로 제공함으로써 연구자로 하여금 일반화(generalization)가 가능한 연구를 수행할 수 있는 기회를 제공해주기 때문이다.

이론에 기반을 둔 사실-관찰 속성과 관련한 Kuhn(1996)의 주장을 다시 상기해본다면, 이론을 참조하지 않고 관찰과 실험만을 통해 작업하는 것은 불가능하지는 않지만 어렵다. '설계자들이 이론을 어떻게 활용하고 있는가?'라는 질문은 성공적인 이론에서 기대되는 것과 관련지어 볼 수 있지만 문제는 이론이나 지식이 어떻게 연구영역에서 설계영역으로 옮겨질 수 있는가이다.

설계실무 및 이론과 관련하여 Sanyal(2002)은 이론의 적용 여부와 관련한 연구는 실무자들이 이론을 이용하기보다는 설계과정을 통해 지식을 얻는다고 했으나, Friedmann(2003)은 Sanyal(2002)의 연구에 대응하여 "만일 설계 실무자들이 이론이 거의 또는 정말로 쓸모없다고 한다면, 우리는 왜 몇몇 진행 중인 이론의 담론화에 참여해야 하는가"라고 되묻고 있다. 또한 설계에 있어서 서로 다른 이론들의 역할은 각자 있다고 주장하면서 이론을 실제로 사용 하는가에 대한 문제는 매우 중요하다고 하였다.

설계실무에서 이론의 역할을 설명하는 모델은 매우 제한적으로, 그중 하나가 Lang(2005)의 모델 그리고 과학적 과정을 각색한 Moughtin(2004)의 모델이 있다. 각각의 모델에서는 이론은 첫 번째로 아이디어를 평가하고, 두 번째로 문제와 제시된 해결책을 통해 적합한 계획 구성을 만드는 역할을 한다고 설명하지만, Lang과 Moughtin의 모형에서 설계실무에서 이론의 역할은 매우 추상적이며 이론이 실무에서 어떻게 사용되는지는 명확하게 나타나고 있지는 않다.

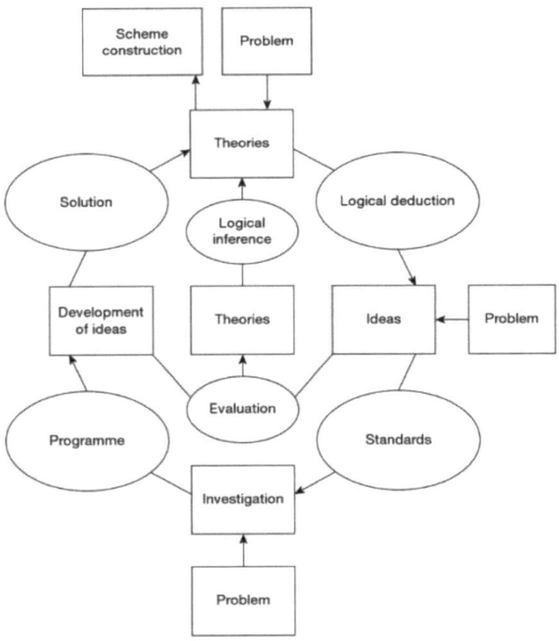

<그림 1-3> 도시설계과정(Moughtin, 2004)

Iain Borden(2000)은 건축 이론과 관련하려 '연구 대상으로 이론, 해석을 위한 이론 및 역사적 방법론으로 이론'이라는 세 가지 방법으로 이론의 활용을 소개하고 있기도 한데, 도시설계 이론도 다음 단계에서 사용될 수 있을 것이다.

① 문제 이해
② 문제 분석
③ 해결방안 생성
④ 대안 평가
⑤ 설계 대안에 대한 소통 및 정당화

도시설계 관련 이론의 적용 여부에 따라 도시설계 관련 프로젝트를 도시설계 유사프로젝트와 도시설계 프로젝트로 구분하기도 한다. 도시설계 유사프로젝트는 다양한 전문가들에 의해 적용되는 광범위한 이론들을 통합하여 진행되는 반면, 도시설계 프로젝트는 도시디자이너들이 추구할 가치는 무엇이고 무엇을 해야 하는지를 설명해준다. 도시설계 유사프로젝트와 도시설계 프로젝트 사이에는 차이가 있는데, 도시설계를 알리는 많은 사례가 있지만, 그들 모두가 도시설계원칙을 따르는 것은 아니다. 파리를 현재와 같이 재구조화 했던 하우스만(Haussmann)의 재개발, 르 코르뷔지에(Le Corbusier)의 현대 도시 프로젝트 및 모시스(Moses)의 대규모 뉴욕 재개발은 도시설계 지식을 알리는 도시설계 유사프로젝트이지만 반드시 도시설계 가치를 따랐던 것은 아니기 때문에, 앞선 프로젝트들은 도시설계 프로젝트라고 간주할 수는 없는 것이다. 다른 관점에서, 장소와 관련하여 가장 좋은 역사적 증거물들의 일부는 도시설계가 하나의 학문 분야로 등장하기 훨씬 이전에 만들어졌는데, 이러한 물리적 환경은 도시설계에 매우 유용하지만 도시설계 프로젝트라고 볼 수 는 없는 것으로, 결론적으로 도시설계 이론에 근거한 프로젝트만이 도시설계 프로젝트라고 간주해야 할 것이다.

더 넓은 지식의 개념을 고려한다면 도시설계 이론, 도시설계 유사프로젝트 및 도시설계 프로젝트 등이 모두 연결되는데 Boltan(1980)은 "이론가들은 일반적으로 경험을 추상화하고 일반화하려고 하지만, 설계자들은 실제 상황의 구체성과 고유성에 직면하게 된다. 지식이 더욱 정교화되고 구체화된다면 그것은 실천이되고, 더욱 일반적인 것이 될 때 그것은 이론화된다"

라고 하였다.

마지막으로, 설계자와 연구자 간 협력 과정을 알기 위해서는 〈그림 1-4〉와 같은 설계의 순환과정에 대한 이해가 필요한데, 설계과정에서 기본적인 도시설계 지식이 되는 이론, 이미지, 자료 등을 바탕으로 프로그래밍 연구가 이루어지고 이 과정을 통해 정량적/성과적 요구사항이 제시되며 이를 바탕으로 설계 및 설계검토가 진행된 후 최적 대안이 결정되면 착공 및 준공이 진행된다. 준공된 후 공간에 대한 사용 평가연구가 진행되고, 그 결과는 기본적인 도시설계 지식이 되거나 새로운 도시설계 프로젝트를 위한 프로그래밍 연구에 사용되는 과정이 진행된다. 설계자와 연구자 간의 협력이 일어나는 도시설계과정에 대해서는 다음 장에서 좀더 세부적으로 살펴보겠다.

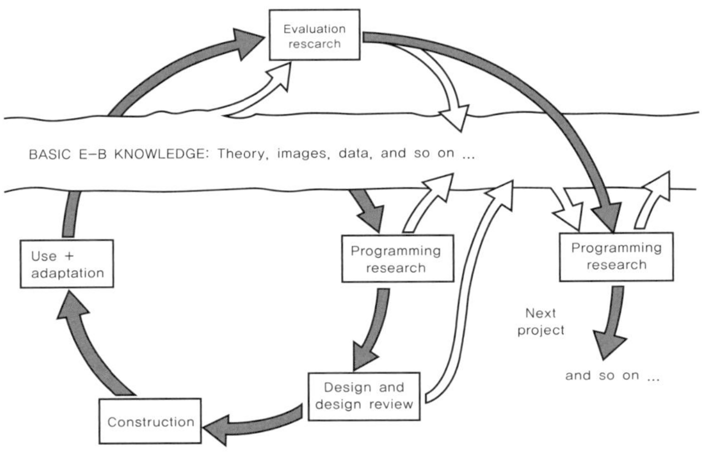

<그림 1-4> 설계과정에서 연구와 설계의 협력 모델(Zeisel, 2006)

05 도시설계과정

5.1 도시설계과정에 대한 개념

도시디자이너들은 설계 작업을 진행하기에 앞서 대상지와 그 주변지역에 대한 이해를 높이기 위해 수집된 제반 정보를 바탕으로 대상지에 대한 종합적인 현황분석과 SWOT 분석을 진행하게 되면, 이를 통해 제약 요인 및 기회요인이 무엇인지 그리고 어떠한 해결방안이 있는지 제안하게 된다. 이러한 과정은 미래 변화가 주변 지역에 미치는 이점과 이에 따른 파급 효과가 무엇인지를 이해 당사자들에게 전달하는 데 도움이 된다. 이런 과정에서 도시계획, 교통, 생태학, 건축 등과 같은 다른 전공 분야 전문가와의 협력과 이해 관계자 및 지역 커뮤니티의 의견은 주요 도시 문제를 파악하는 데 필수적이다. 일반적으로 설계과정은 문제, 간략한 니즈, 요구 사항, 해결방안 또는 결과물인 제품을 도출해 내는 일련의 과정을 의미하는 것으로 보고 있다(Lawson, 2005). 설계과정에는 고려되어야 할 다양한 변수, 행위자, 목표 및 가정이 포함되어야 하며, 설계과정의 각 단계에 대한 역할을 정의하는 것뿐만 아니라 다양한 요소와 기대도 다루어야 한다(Punter, 1996).

디자인은 계획수립을 통해 상황을 변화시켜 목표하는 미래 지향점에 도달하고자 하는 노력이며, 특히 물리적 디자인(physical design)은 많은 지식과 경험을 바탕으로 구상도, 도면 및 모델을 통해 대안을 도출하는 창조과정으로 여러 단계의 결정 과정을 거쳐 완성된다.

Zeisel(2006)은 Design by Inquiry에서 디자인의 5가지 특성을 〈표 1-4〉와 같이 기술하고 있는데 도시/건축/경제 등 복합성과 복잡성을 지닌 영역에서는 정답이 없음에도 불구하고 디자이너들은 단일한 최적(안)을 찾으려 노력 하는데 이를 포기하는 것이 필요하다고 한다. 최초 설계 시부터 최종 설계 결정까지는 〈그림 1-5〉와 같은 나선형 연계 순환형 구조처럼 지속적으로 최종안을 수렴해가는 과정을 거치게 되는데, 최적의 디자인은 없지만, 허용 가능한 범위에 도달한 후 여러 대안 중 Risk를 최소화할 수 있는지 그리고 대안이 현실적인 여건에 적합한가를 고려해 최종 설계(안) 하나만을 채택하게 된다.

<표1-4> 디자인의 5가지 특성

3가지 기본활동
매우 복잡한 디자인 활동은 다음 3가지 중요한 활동과 상호 관련되어 있다. 상상하기(imaging), 표현(presentation) 그리고 시험하기(testing)
두 종류의 정보
디자인 과정에서 사용되는 정보는 상상하기 위한 경험적 촉매제 그리고 시험하기 위한 지식 체계라는 두 가지 측면에서 유용하다.
최종결과 관련 비전 변화
디자이너는 새로운 정보와 직관에 따라 최종결과물과 관련된 예상을 지속적으로 수정한다. 그러므로 설계과정은 연속적인 개념 변화 또는 창의적 도약이다.
허용 가능한 대안의 영역을 지향
디자이너를 일련의 가능한 대안중에서 하나의 허용 가능한 대안에 도달하고자 한다. 허용 가능한 범위는 결과물이 대상지 환경과 어떻게 잘 적절한가(맥락적 반응) 그리고 결과물을 구성하는 각각의 요소들이 어떻게 잘 상호 일관성이 있는가(내부적 일관성)에 달려있다.
나선형의 연계 순환을 통한 발전
설계에서 개념 변화와 결과물 도출은 앞서 언급된 3가지 기본적인 활동을 통한 반복적이고 순환적인 활동들의 결과물이다.

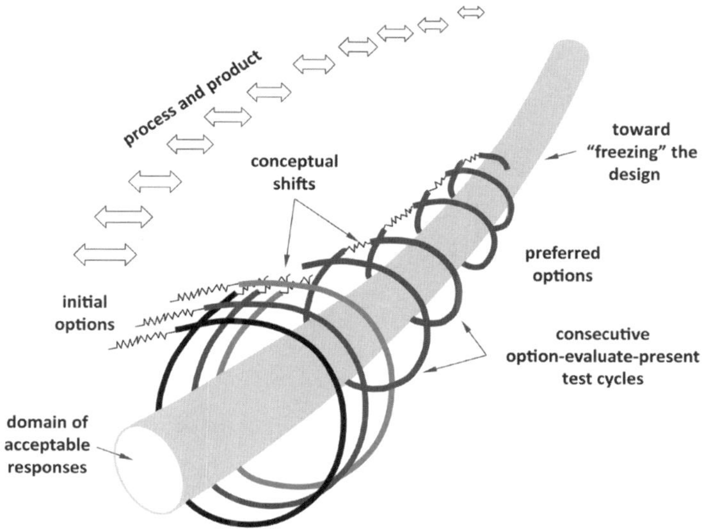

<그림 1-5> 나선형 연계순환형 설계과정

도시설계는 지식과 행동을 연결하는 체계적인 과정을 따를 것으로 기대되며, 도시디자이너는 이전의 분석과 경험으로부터 지식을 가져오고, 설계과정을 통해 프로젝트의 특정 상황에 적합한 새로운 아이디어를 창출한다(Palazzo and Steiner 2011). 도시설계과정은 수년간 개발되고 모형화하려는 다수의 노력에 의해 그 결과가 나타났으며, 대표적으로 Shirvani(1985)는 설계 방법을 6개 그룹으로 분류하고 각각에 대한 설계과정을 제시하기도 하였다.

Karimia(2012)는 도시설계과정에 대한 논의에 앞서 도시설계가 가진 특성을 살펴봐야 한다고 하며 다음과 같이 기술하고 있다. 첫 번째로, 설계는 본질적으로 절차적 실체 또는 과정이며, 과정이라는 개념은 다양한 문헌과 설계 매뉴얼에 널리 존재 한다(RIBA, 1980; Luckman, 1984; Rowe, 1987; Moughtin et al., 1999; Lang, 2005; Camona, 2009). 사실, 과정에 대한 개념은 이 모든 정의의 핵심 요소이며, 일반적으로 연속적인 방식으로 발생하는 연속적인 작용, 작동 또는 일련의 변화로 간주되는 과정은 모든 설계활동과 매우 관련 있는 것으로 보인다(Jones, 1992; Lawson, 2005). 두 번째로, 설계과정은 시작 단계에서 출발하여 결과물로 끝난다는 것으로 설계과정의 시작 단계는 일반적으로 프로젝트 개요, 요청, 요구 또는 심지어 고객, 커뮤니티, 그룹 또는 설계자 스스로가 정의되지 않은 요구들로부터 시작된다. 일반적으로, 계획, 결과 또는 시스템 같은 생산물이 과정의 결과물로 간주(Levin, 1984;

Moughtin et al., 1999; Lang, 2005)되는데 다시 말해서, 설계는 목적적 과정으로 이 과정은 잘 정의되거나 잘 정의되지 않은 어떤 종류의 목표에서 시작하여, 그 목표에 반응하는 결과물로 끝나게 된다(Rowe, 1987). 이는 설계과정이 특정 시점에 확실하게 종료될 수밖에 없다는 것을 의미하지는 않는다. 대부분의 경우 이 과정은 다른 설계과정의 목표와 개념을 재정의하거나 재구성하기 위해 추진되지만, 이러한 과정마다 일반적으로 결과물을 요구하고 있다. 세 번째는, 일반적으로 동의하는 것이지만 도시설계과정이 어느 정도의 도시 문제 해결 또는 해결 방법을 수반한다는 것이다(Jones, 1992; Kroll, 2001; Lawson, 2004, 2005). 이것은 아마도 앞의 두 명제의 자연스러운 결과로, 우리가 일련의 행동을 통해 결과를 도출하기 위해 일부 목표에 대응하고자 한다면, 우리는 각각의 접근 방식에 수반되는 난제에 대응하고 결과를 달성할 수 있는 다른 방법들을 생각 한다는 사실이다. 네 번째는, 앞의 세 가지보다 덜 분명해 보일 수도 있는데, 설계가 완전히 논리적이거나 산만한 과정이 될 수 없다는 것이다. 논리적이거나 과학적인 담론에 의해 완전히 통제되지 않는 직관, 창의성 또는 참신성이 설계과정의 일부 또는 전체 부분에서 확인될 수 있기 때문이다(Daley, 1984; Darke, 1984; Hillier et al., 1984). 산업 디자인과 같은 매우 정밀하고 기술적인 과정에서부터 장식이나 패션 디자인과 같이 매우 질적이고 창의적인 활동까지 광범위한 디자인 활동의 다양성을 고려할 때, 예상 밖의 유사점이 사용된다면 더 설득력 있는 주장이 될 수 있다. 과학은 어떤 정의에 의해서든 디자인보다는 더 논리적이고 더 결정주의적이기 때문에 설계과정도 그 선례를 따를 것이라고 결론짓는 것은 불합리하지 않을 것이다.

Popper(1959), Hacking(1983, 1991) 및 Stagners(2000)는 과학 이론과 과학적 방법에 대한 동시대의 성찰을 연역적 또는 귀납적 과정이라기보다는 '추측-테스트' 순환으로 정의하는 경향이 있다. 과학의 이러한 해석에서, 독창성 및 직관력과 같은 요소가 대부분의 과학적 접근법에서 발견될 수도 있는데 때때로 사과가 떨어지는 것과 같은 간단한 일이 과학적 추측의 동기가 되었고 이것은 갑자기 수년간의 논리적인 작업을 한데 모아준 계기가 되었다. 유레카의 순간이다.

만약 과학 접근법의 어떤 단계가 영감이나 직관에 의해 이끌어진다면, 더 크거나 적어도 동등한 부분을 배제하는 것은 불합리할 것이다. 과학에서의 '투사-평판' 모델은 설계에서의 '투사-테스트' 모델이라는 개념으로 발전되며 이는 주로 설계적 추측을 생성시키고 특정 기준에 의해 테스트하는 순환형에 기초한다(Darke, 1984; Hillier et al., 1984). 이 모델에서 설계는 일부 단계에서 분석적 지식에 의해 도움을 받는 질서정연한 과정으로 볼 수 있는데, 설계를 설계 결정으로 이어지는 논리적 분석과 합성의 평가 순환 과정으로 정의하는 '분석-합성' 모델과는 반대된다(Markus, 1969; Mouthin et al., 1999). 전자가 디자인의 질서정연한 성격을 인식하고 설계과정을 직관과 논리적 사고 간의 상호작용으로 설명하려는 반면, 후자는 설계과정에서 직관적 요소를 완전히 제거하고 설계과정을 결정론적 과정으로 변화시킨다.

디자인이 완전히 논리적인 과정이 아니라는 것을 받아들이는 것은 또 다른 질문을 낳는다: 도시설계는 완전히 직관적인 과정인가? 직관은 일반적으로 의식적 추론에 기초한 연역적 지식과는 반대로 본능적 느낌으로 만들어진 지식의 형태로 간주된다(Fitz, 2001). 현실적으로 논리적 사고가 설계과정의 어떤 부분에서도 역할을 할 수 없다고 상상하기는 매우 어렵다. 문제 해결과 해결의 목적적 과정으로 디자인을 받아들이는 것은 필연적으로, 과정 전반에 걸쳐 어느 정도의 합리적 사고와 추론이 적용되어야 한다는 것을 인정하게 된다. 설계과정은 이러한 반영이 암묵적인 형태의 추론으로 나타나더라도 각 단계의 산출물이 설계 목표에 적절하게 부합하는지 성찰하고 평가할 필요가 있다(Lawson, 2004).

Karimi(2012)는 도시 설계과정과 관련해서 다음과 같이 기술하고 있는데, 보석 조각과 같은 작은 물건에서부터 도시와 같은 실체를 구체화하기 어려운 디자인까지, 설계과정은 적어도 가장 단순한 형태로는 명확하다. 그러나 도시 프로젝트를 설계하는 임무를 맡은 도시디자이너는 주어진 과제와 관련하여 간략하면서도 자신의 이해에서 발생하는 여러 가지 질문을 식별할 필요가 있다(Mouthin et al., 1999; Loyed-Jones, 2001; Roberts, 2001). 그런 다음, 그들은 그러한 질문에 적절한 부분 또는 전체적인 설계 아이디어를 도출해야 하는데(Mouthin et al., 1999; Lang, 2005) 이 과정에서 중요한 쟁점은 외부 또는 내부에서 마련된 일련의 기준에 의해 아이디어와 해결책이 어떻게든 평가되어야 한다는 것이다. Karimi(2012)는 이 평가의 일부는 일반적으로 〈그림 1-6〉처럼 '추측-테스트' 라는 아이디어 생성 단계에서 발생한다고 한다.

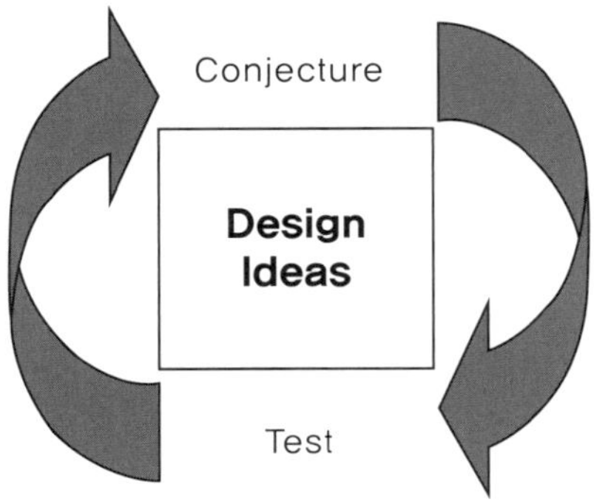

<그림 1-6> 추측-테스트 주기

설계 아이디어의 생성에 있어서 추측은 설계 아이디어를 형성하기 위해 논리적 사고의 몇 가지 방법으로 테스트 되고 이 과정에서 테스트는 여전히 직관에 의해 주도될 수도 있지만, 근본적으로 추측과는 구별된다. 일반적인 설계과정에서 추측은 직관적으로 테스트되며 설계자는 설계 추측이 작동할지 여부에 대한 자체 판단을 내린다. 그러나 설계 아이디어가 구체화되면 설계 아이디어가 프로젝트에 적합한 설계 대안이 될 수 있을지를 결정하기 위해서는 보다 엄격한 평가가 필요하다. Karimi(2012)는 매우 단순하고 일반적인 모델을 통해 도시설계과정을 설명하고자 〈그림 1-7〉과 같은 단순한 과정을 제시하기도 했다.

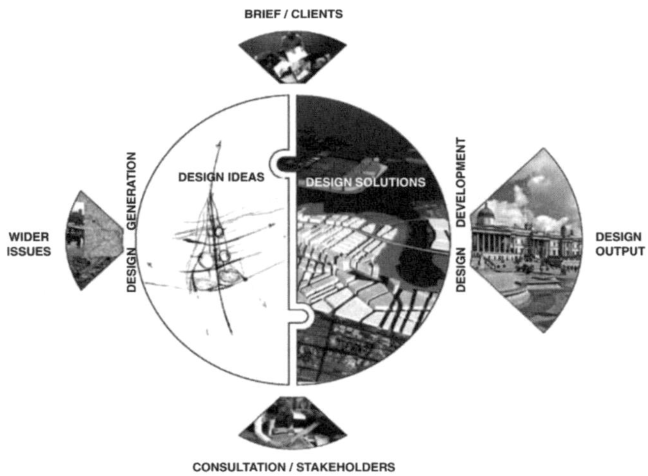

<그림 1-7> Karimi(2012)의 도시설계과정

이 모델의 주요 구조는 설계과정의 두 가지 기본 단계인 설계 생성과 설계 발전에 기반하고 있으며, 이 구조는 이전에 소개된 수많은 다른 도시설계 모델과 근본적인 차이는 없다(Jones, 1992; Lawson, 2005). 이 모델의 중요한 특징은 디자인을 선형 프로세스로 취급하지 않고 설계 생성과 설계 발전이라는 사이클로 제시하며, 입출력 집합이 유동적이라는 것으로 순환과정은 주요 두 단계로 구별되지만 서로 반복적으로 제공되고, 또 다른 중요점은 과정의 끝을 시작점과 연결시켜 설계 개발뿐만 아니라 설계 결과물을 개선하기 위해 무한 반복할 수 있는 순환과정을 만든다는 것이다.

이 순환의 어딘가에서 과업 개요가 초기에 도입되고, 설계 개요의 전체 개발은 과정 후반 단계로 이동할 수도 있지만, 아이디어 생성 및 아이디어 개발 주기는 일반적으로 설계과정 앞 단계에서 시작한다(Punter, 1999; DTLR, 2000). 어떤 경우에는, 간략한 개요만 존재하므로 전체 설계 개요와 목표는 과정을 통해 정의되기도 하지만(Penn, 2008), 그러한 경우에도 설계과정은 궁극적으로 달성하고자 하는 바가 무엇인지를 확인하는 것으로 시작한다. 이 순환은 정치적 어젠다, 일반적인 사회 경향, 경제적 조건 및 기술적 제한과 같은 광범위한 쟁점과 과업에 특화된 제약 또는 잠재력에 영향을 받게 된다. 이러한 광범위한 쟁점은 과업마다 다르지만, 의식적 또는 무의식적으로 설계 결정에 영향을 미치고, 도시설계 과업에서 이해관계자의 관점은 일반적으로 특정 시점에 과정에 도입된다(Carmona, 2001; Roberts, 2001).

마지막으로, 설계 발전 단계가 끝날 때 설계 결과물이 나타나는데, 이 결과물이 완전한 결과물일 필요는 없지만, 적어도 발주자의 요구사항을 부분적으로는 충족시켜야 한다. 설계 결과물을 생산한 후 채택되거나 다시 환류해서 개요를 재정립하고 아이디어 생성과 설계 발전 개발이라는 새로운 순환과정을 시작하기도 하는데, 이 과정의 두 가지 주요 단계에는 하위 과정도 포함된다. 설계 생성 단계에서 중요한 하위 과정은 초기 옵션 생성 및 옵션 테스트로 이어지는 추측-테스트 주기이다. 더욱 정교한 형태로, 다양한 대안이 생성되고 최적의 대안을 선택하기 위해 직관적이거나 객관적인 방법도 사용된다(Cowan, 2002; American Planning Association, 2006). 설계 발전 단계에서는 설계의 특정 측면을 다루기 위한 더 많은 대안이 포함되지만, 이 단계의 주요 초점은 초기 설계 아이디어를 실행 가능한 최종대안으로 전환하는 것이다(Cowan, 2002). 어떤 경우에는, 이 단계가 설계 목표를 가장 잘 달성할 수 있는 결과를 만들기 위해 초기 설계 아이디어만 취하고 모든 것을 수정하는 매우 실용적인 과정으로 변하기도 한다. 아이디어 생성 단계의 추측–테스트 주기와 유사하게, 설계 개발 단계도 설계자의 직관 또는 다른 수단으로 개발된 설계 결과물을 결정하기 위한 일정 정도의 평가를 포함한다(Roberts, 2001). 설계 결과가 만족스럽지 않을 경우, 다시 설계 순환체계로 돌아가서 새로운 대안 생성 또는 이전 대안 수정에 투입하여 최종 설계 결과물을 재구성해야 한다. 지금 대답해야 할 중요한 질문은 어떤 형태의 분석 조사가 설계과정의 어느 단계에 적용될 수 있는지 여부다. 도시디자이너는 도시설계과정이 작동하는 맥락, 도시설계과정을 작동하게 하는 힘, 즉 어떻게 정책, 제안 및 프로젝트가 시작되고 실행되는지 이해할 필요가 있다(Sternberg, 2000).

다음은 도시디자이너, 건축가 및 도시 계획가들에 의해 제안된 도시설계과정 모델의 몇 가지 사례로, 여기서 과정은 이론적으로 성공적인 도시설계를 구현하는 수단이며 Elrahman and Asaad(2019)는 기존 문헌에 수록되어있는 도시설계과정을 〈표 1–4〉와 같이 정리하고 있다.

<표 1-4> 도시설계과정

<table>
<tr><th>단계</th><th>1</th><th>2</th><th>3</th><th>4</th><th>5</th><th>6</th><th>7</th></tr>
<tr><td>RIBA practice
(Palazzo and Steiner 2011)</td><td>자료 수집</td><td colspan="2">문제분석</td><td colspan="3">대안개발</td><td>제한 사항 제시</td></tr>
<tr><td>Hamid Shirvani
Synoptic
(Shirvani 1985)</td><td>자료 수집</td><td>자료 분석</td><td>목적 및 목표</td><td>개념 설정</td><td>개념을 해결방안에 반영</td><td>평가</td><td>계획으로 보내기</td></tr>
<tr><td>Hamid Shirvani
Incremental
(Shirvani 1985)</td><td>의사 결정 및 목적</td><td>자료 분석</td><td>목적 및 목표</td><td>개념 설정</td><td>개념을 해결방안에 반영</td><td>평가</td><td>계획으로 보내기</td></tr>
<tr><td>Hamid Shirvani
Fragmental
(Shirvani 1985)</td><td>자료 수집</td><td>자료 분석</td><td>목적 및 목표</td><td>개념 설정</td><td colspan="3">계획으로 보내기</td></tr>
<tr><td>John M. Levy
(Levy 2009)</td><td colspan="2">자료 수집 및 분석</td><td colspan="3">종합(문제 분석 및 대안 개발)</td><td>평가</td><td>실행을 세부화</td></tr>
<tr><td>Matthew Carmona
(M. Carmona, S. Tiesdell, et al. 2010)</td><td>목표 설정</td><td>분석</td><td>비전설정</td><td>종합
(테스팅)</td><td>의사결정
(최종안 다듬기)</td><td>평가</td><td>-</td></tr>
<tr><td>Barry Young(Urban Design Group 2011)</td><td>-</td><td>-</td><td>물리적 설계원칙 설정</td><td>평가요소</td><td>설계대안</td><td>-</td><td>-</td></tr>
</table>

Clara Greed and Martin Roberts(Greed and Roberts 2014)	-	자료 분석	비전, 목적 및 목표	전략	-	-	간략한 가이드 라인
Tony Lloyd Jones (Palazzo and Steiner 2011)	문제 정의	합리적 개발 (분석)	가능성 및 제약 요소	개념화 및 평가			-
Resulting Process	자료 수집	자료 분석	비전, 목적 및 목표	개념 및 전략 설정	대안 설정 (개념으로부터 대안까지)	평가	계획으로 보내기 및 실행

자료: Palazzo and Steiner 2011, Shirvani 1985, Levy 2009, Urban Design Group 2011, Greed and Roberts 2014, M. Carmona, et al. 2010)

5.2 LaGro의 도시설계과정

도시설계과정에 대한 다양한 논쟁과 모델들이 있으나 여기에서는 LaGro(2007)이 집필한 Site Analysis: Linking Program and Concept in Land Planning and Design을 기반으로 도시설계과정을 살펴보고자 한다.

도시문제와 관계된 시장, 은행가, 부동산 디벨로퍼 그리고 기타 많은 사람은 건조환경에 대한 설계 또는 공간 형태에 다양한 경로로 영향을 주며, 가로, 건물 그리고 다른 요소들의 배열 및 특화는 중요한 결정이고 이러한 결정은 도시환경을 형태화한다. 도시디자이너, 조경가, 건축가와 같은 디자인 관련 전문가들은 근본적인 디자인 원칙, 도덕적 기준 그리고 사회적-환경적 맥락에 대한 충분한 이해를 바탕으로 디자인 결정을 하도록 교육받아 왔으며 어떤 디자인은 다른 디자인보다 훨씬 좋을 수도 있다.

일반시민들은 좋은 디자인(good design)이란 장식적이거나 또는 추가적인 비용이 든다고 생각할 것이지만, 만족할만한 도시설계 결과물을 얻기 위해 투자되는 비용을 정당화하는데에는 다음과 같은 다양한 이유가 존재한다.

- 좋은 디자인은 공공건강, 안전 및 복지를 증진시킨다.
- 좋은 디자인은 도시를 보기 좋게 할 뿐만 아니라 잘 작동하게 한다.

- 좋은 디자인은 도시로 많은 사람들을 유입시키고 이런 사람들은 그들이 내는 세금으로부터 얻고자 하는 자부심과 만족감을 고취하는 필수 불가결한 것에 기꺼이 지출하는 것을 지지한다.
- 좋은 디자인 결과는 그렇지 않은 결과들과 비교해 시장에서 경쟁력을 가지게 된다.

역사보전지구, 공원 그리고 수변공간 등을 포함한 물리적 어메니티에 대한 공공투자는 추가적인 개발을 향한 촉진제일 뿐만 아니라, 경제성장과 서비스를 도모할 수 있는 중요한 지역자산으로 고품질의 삶을 제공할 수 있는 지역으로 이전하고자 하는 기업이나 개인들을 유치한다. 삶의 질은 안전성, 안도감, 개인의 자유, 신체적/정신적 건강, 여가 및 휴식, 개인 의사 표현 기회 등과 같은 요소들과 관련이 있기 때문이다(Kaplan and Kivy-Rosenberg, 1973). 전부는 아니지만 이러한 요소들의 대부분은 도시공간 조직과 건조환경의 명료성에 영향을 받는데 좋은 디자인은 건축물, 도시기반시설 및 대지를 운영 및 관리하는 비용을 감소시킬 수 있으며, 결국 좋은 디자인은 사회적, 경제적 그리로 환경적으로 지역에 이익을 가져다준다.

도시설계과정에서 대상지와 주변 현황에 대한 충분한 이해는 대상지와 과업 프로그램간에 정합성을 만드는 중요한 선행조건으로, 개별 대상지는 물리적, 생물학적 그리고 문화적 특성을 가지고 있고, 이러한 특징 일부는 특정 용도와 관련하여 대상지의 적정성을 판단하는 중요한 요소가 되기도 한다. 만일 대상지에 대한 현황을 잘못 이해하게 되면, 대상지 개발은 환경적, 사회적 및 경제적 측면에서 부정적 영향을 일으킬 수 있다. 검증된 전문가들에 의해 진행되는 도시설계는 토지가 기능적으로 효율적이면서도, 미적으로 보기 좋고, 환경적으로 지속가능하게 사용 될 수 있다는 것을 확신하도록 해주는 다단계 활동이다. 건물, 가로 및 다른 기반시설 등을 설치하는 것과 더불어, 지속가능한 도시개발은 종종 대상지의 생태학적 토대를 회복시키킨다.

도시설계는 일반적으로 〈그림 1-8〉과 같은 절차와 단계를 가진 과정을 따라 진행된다고 LaGro(2007)는 제안하고 있으며, 설계과정은 개발하지 말아야 할 곳에 대한 선택도 포함하고 있다. 도시설계는 대상지 성격과 주변 환경에 대한 철저한 이해를 바탕으로 해야 하며, 훼손된 자연 및 문화자원을 보호하거나 회복할 뿐만 아니라 개발로 인해 환경에 미치는 부정적 영향을 최소화해야 한다. Lynch(1971)는 "단지계획(site planning)이란 인간 활동을 유지하기 위해 외부의 물리적 환경의 배치를 설계하는 예술적 활동이다. 단지계획은 건축,

조경 그리고 도시계획과 경계를 나란히 하고 있으며 언급된 분야의 전문가들에 의해 시행된다. 단지계획결과물은 3차원 공간에 시간에 맞추어서 구조물과 활동을 위치시키는 작업이다." 라고 정의하고 있다.

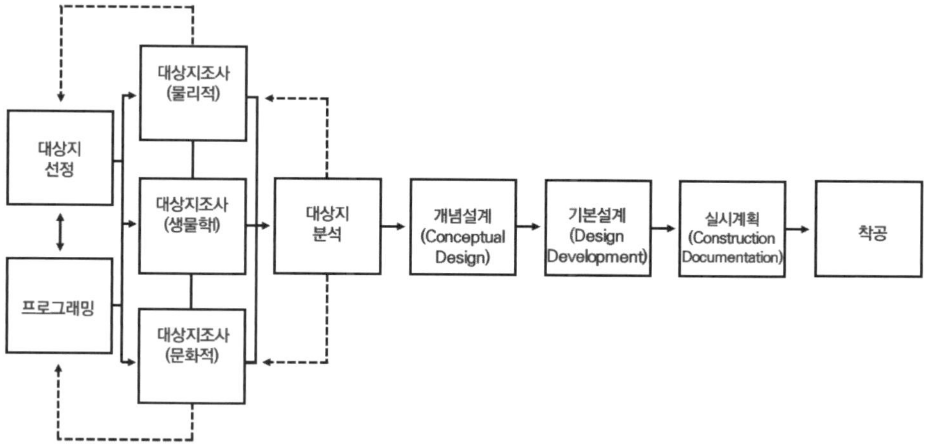

<그림 1-8> 도시설계과정

■ 사전설계 단계(Preproject(or Predesign) Phases)

사전설계 단계는 대상지 선정 및 프로그래밍에 대한 것으로 발주처에서 이미 대상지를 가지고 있다면 이에 대한 세부적 프로그램도 만들어 놓았을 것이다. 이와 반대로 발주처가 사업목적 또는 프로그램 만을 가지고 있어서 그들의 목적을 실현할 대상지를 찾는 경우도 있다.

대상지 선정 후 프로그래밍을 작성하던 또는 프로그래밍 작성 후 대상지를 선정하던 순서에 관계없이, 도시디자이너는 과업의 프로그램을 선정된 대상지에 잘 반영하도록 최대한 노력해야 한다. 상황-대응적 도시설계는 제안된 프로그램을 기반으로 대상지의 적합성을 철저히 이해하는 것이 필요하며, 분석적이고 창의적인 도시설계과정은 사전 설계단계인 대상지 선정 및 프로그래밍에서부터 출발한다.

● 대상지 선정(Site Selection)

대상지 선정은 사업 목적에 적합한 부지를 찾는 과정으로 대상지 선정은 부지와 그 주변 지역에 대한 광범위한 자료 수집과 분석을 동반한다. 대상지의 위치는 과업 계획과 실행과정에서의 복잡성과 비용에 막대한 영향을 주는데 토지이용, 문화적, 경제적 그리고 생태물리적 요소들도 과업이 가지고 있는 특정 목적을 실현하는데 영향을 준다. 대상지와 분석해야 할 주변 상황 요소들이 무엇인지 결정하는 것은 대상지에 부여하고자 하는 계획된 용도에 따라 크게 달라진다.

● 프로그래밍(Programming)

프로그래밍이란 발주자의 목적에 따른 기능적 요구사항 및 제안사항을 체계적으로 구성하는 작업으로, 첫 단계는 무엇을 설계할 것인가를 명확히 설정하는 것이며, 이를 위해 프로그램을 계획하는 것이 필수적이다. 도시설계에 있어 프로그래밍은 과업 목적과 내용을 이해하고 사용자 요구사항, 대상지 및 컨텍스트에 대한 정보를 수집하여 프로그래머가 작성한다. 일단 어떤 용도가 포함되어야 하는지, 각 용도 별로 얼마나 많은 토지 면적이 필요한지 파악하는 것이 중요하다.

건조환경에 대한 계획과 설계는 점점 더 관련 분야와의 협력을 필요로 하고 있으며, 도시설계 분야의 전문적 역량은 타분야의 지식 및 기술과 확장된 결합을 필요로 하고 있다. 도시디자이너, 건축가 및 조경가는 프로그래밍, 분석, 디자인 서비스를 제공할 뿐만 아니라 과업 계약 관리에 대하여 고객에게 조언도 하게 된다. 과업 리더는 모든 관계자들 사이에서 의사소통을 조정해야 하며 각각의 팀 구성원들에게 생성한 정보가 적절하게 고려되고 종합되도록 해야 한다. Maxwell and Brown(1993)은 프로그래머의 역할에 대해 다음과 같이 언급하고 있는데, "프로그래머는 이질적이거나 종종 관련성이 없는 사용자 데이터를 종합하거나 이러한 데이터를 실용적이고 디자이너 친화적인 정보로 변환하는 전문가가 되어야 한다."

프로그래밍과 설계를 분리하는 것은 편향된 프로그램 분석을 줄이고 해결해야 할 설계 문제에 대한 선입견 또는 오해로 인한 부적절한 대안이 나오는 것을 막아주기도 한다(Brown and Scarborough, 1993). 그러나 설계자와 격리된 프로그래밍은 잠재적으로 중요한 대상지 문제를 간과 할 수도 있으므로, 설계자는 프로그래밍 과업 초기 단계에 가능하면 모두 다 참여하는 것이 필요하며 통합 팀으로서 서로의 전문성에 대한 상호 존중과 긴밀한 작업이 요구된다.

1) PROGRAMMING METHODS 프로그래밍 방법

프로젝트 프로그래밍은 다음과 같은 네 가지 기본 단계를 포함한다고 Goldman and Peatross (1993)가 기술하고 있다.

- 과업 시작
- 과업 미션 및 목표 개발
- 과업의 운영 및 물리적 요구사항 결정
- 프로그램을 문서화하여 발주자에게 발표

프로그램의 목표 및 목적에 대한 목록을 설정하는 것은 도시설계과정에서 중요한 단계로 과업 운영 및 물리적 요구사항을 결정하는 것 외에도, 고객 및 기타 이해 관계자와 협의를 통해 프로그래머는 과업의 품질 수준에 대한 기대치를 명확히 보정한다.

2) PROGRAM DOCUMENTATION 프로그램 문서화

● Project Objectives 과업 목적

프로그램은 과업에서 제안된 활동에 필요한 공간의 양, 활동 간의 바람직한 관계 및 향후 실행 단계를 구체화해줄 뿐만 아니라 예상하는 공간의 품질과 과업 구조를 지정할 수도 있다. 이러한 프로그램 기대치는 몇가지 레벨로 표현될 수 있고 프로그래머들은 초기에 대상지에서 발생할 토지이용의 개략적 유형, 활동 또는 시설 유형들을 확인해야 하며 주 용도는 발주자의 목표뿐만 아니라 대상지의 크기, 특징 및 위치에 따라 달라진다.

토지이용 또는 시설 유형이 확인되면, 해당 시설의 양과 품질을 결정할 수 있게 된다. 예를 들어, 개발 프로그램에 포함된 토지이용 중의 하나가 다세대 주거지일 경우, 이러한 용도와 관련된 양과 품질에 대한 추가적 정보가 결정되어야 하며 이러한 정보로는 공급될 주택수, 각 유형별 침실 수 및 주거에 포함될 편의시설 등이 될 것이다. 오픈 스페이스도 프로그램을 구성하는 하나의 요소로 장소성 있는 오픈 스페이스가 되려면 투수성이 높고 시각적인 매력과 레크리에이션 기회를 제공할 뿐만 아니라 야생동물 서식지도 보호하는 역할도 해야 한다. 대부분의 오픈 스페이스가 인접해서 연결망을 구성한다면, 오픈 스페이스가 서로 제공하는 혜택은 더욱 증대될 것이다.

● Design Guidelines 설계 지침

프로그래밍 과정은 예상 용도 및 각 용도에 필요한 토지 면적 또는 각각의 용도에 필요한 시설을 설명하는 간단한 목록 작성 수준을 훨씬 넘어설 수 있으며, 설계 지침은 프로그래밍 과정의 연장으로 설계 대안이 가져야 할 바람직한 수준을 제시하고 있다. 설계 지침은 프로젝트의 경제적 성공 및 건조환경과 매우 밀접하게 관련되어 있어 대상지에 대한 다양한 내용들을 기술하게 된다. 예를 들어, 빗물 배수 및 포집 기술, 가로 규모, 주차장 형태, 건폐율, 용적율 및 건축후퇴선, 가로시설물 및 안내판 등을 포함한다. 설계 지침은 글자와 숫자로 표현할 수 있지만 그래픽 표현이 좀 더 효과적으로 예를 들어, 도시재생구역안의 상업가로에 면한 건축물에 대한 바람직한 파사드 형태, 가로 벤치와 관련하여 선호하는 크기, 색채 및 형태 또는 가로를 따라 설치되는 조명시설들의 형태를 그래픽을 이용하여 규정할 수도 있다. 개별적 설계 요소들의 반복에 의해 시각적으로 통일된 건조환경이 형성되는데, 예를 들어, 유사한 색깔, 형태 및 재료를 반복하면 조화되거나 시각적으로 통일된 물리적 환경을 창출할 수 있다. 비록 시각적 품질은 설계 지침의 중요한 관심사이지만, 이것이 단 하나의 목표가 아닐 수 있는데 예를 들어, 대상지에 있는 오래되거나 부서진 가구를 교체하는 경우, 대상지에 설치된 가구 형태나 제조자가 지속적으로 만들지 않는다면 비용초래를 수반할 것이다.

■ 대상지 분석 단계(Site Assessment Phases)

대상지 분석단계는 대상지 조사와 대상지 분석이라는 2단계로 진행된다.

1) Site Inventory 대상지 조사

정보는 과업의 프로그램과 연동해서 대상지와 주변 상황에 대한 분석을 위해 수집해야 하는 요소들에 따라 결정된다. 대상지 조사는 중요한 물리적, 생물학적, 사회적 또는 문화적 특성들을 기록해야 하며 이 작업은 주변의 건조환경과 관련된 동선경로, 교통량, 기반시설(수도/전기/상하수도와 같은 유틸리티) 체계 또는 건축물 특징 등도 포함하게 된다. 대규모 과업인 경우 속성을 매핑하거나 분석할 경우 GIS를 이용한 분석이 적합할 뿐만 아니라 대상지와 주변 특징자료를 분석하는 데 생태전문가, 수문학전문가, 인류학자 그리고 다른 분야 전문가들도 참여하게 된다.

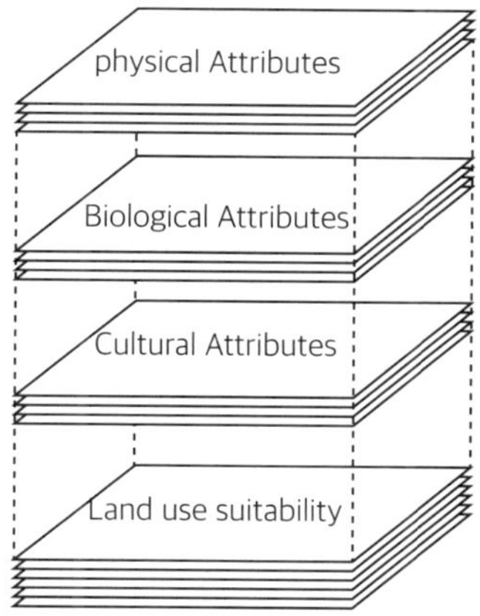

<그림 1-9> 대상지 조사

● Physical Attributes 물리적 특성

대상자의 물리적 특성에 대한 조사목록은 과업의 프로그램과 시스템에 의해 주도되며 대상지의 물리적 속성은 대상지를 어떻게 개발해야 하는가에 지대한 영향을 미칠 수 있고, 가능한 데이터 자료로는 항공 사진, 표층 탐사 그리고 다양한 관련 지도들이 포함된다.

예산 제약과 같은 이유로 항상 가능한 것은 아니지만, 일 년 중 다른 기간에 대상지를 방문할 수 있다면, 특히 배수 패턴, 바람길 패턴 그리고 미세 기후 패턴과 같이 대상지와 관련된 계절별 지역 특성들을 좀 더 포괄적으로 이해할 수 있게 해준다.

● Biological Attributes 생물학적 특성

생물학적 특성 조사와 관련하여 조경 생태학은 자연 환경과 건조환경과 관련한 계획, 복원 및 관리와 관련한 의사결정을 하는데 있어 의미있는 개념적 체계를 제공하는 분야로 환경의 구조와 기능 그리고 인간 활동이 환경에 미치는 영향을 다루고 있다. 또한 일반인들도 환경의 품질과 인간의 건강 및 복지 사이의 관련성에 많은 관심을 가지고 환경의 품질에 대한 고조된 관심은 토지개발로 인해 발생될 잠재적인 부정적 영향에 대한 대책 마련 요구(따라서 문서화) 증가로 나타나고 있다. 대상지 내의 토종식생 그리고 야생동물을 보호하는 것은 환경에도 좋을 뿐만 아니라 대상지의 고유한 장소성을 만드는 데 기여하는 중요한 자원이므로 주요 생물학적 특성을 꼼꼼히 매핑하는 것은 매우 중요한 부분이다. 이러한 생태학적 자원을 식별하는 것은 계획을 시행하는 동안 그리고 완료 후 대상지내 생태학적 통합성을 보호하는데 도움이 되며 물리적/문화적 특성과 더불어 어떤 특성을 매핑하고 평가할 것인가는 대상지에 대한 계획 용도에 달려있다.

분류	요소	속성
물리적	지형	표고
		등고선
		경사도
	토양	안전성
		배수
		비옥성과 통기성
	수문	범람
		지표수
		지하수
		배수패턴
	기후	기온
		습도
		바람
		일조
		열방사율

<그림 1-10> 물리적 특성

분류	요소	속성
생물학적	식생	식물군락, 표본나무
		환경조절, 공간 한정, 심미성
	야생동물	서식지
		철새도래지

<그림 1-11> 생물학적 특성

● Cultural Attributes 문화적 특성

대상지의 문화적 특성을 이해하기 위해서는 다양하고 광범위한 자료 수집과 매핑을 필요로 하며 문화적 특성은 토지이용규제의 허용 용도 범위와 강도를 제한하는 데 중요한 역할을 하고 기타 다른 법적 제약들은 반듯이 매핑해야 할 중요성을 가지고 있다.

예를 들어, 역사적 자원은 유적지 내 또는 그 근처에 존재할 수 있으며 중요한 설계 결정 요인이 되기도 하며, 가시성과 시각적 품질은 토지이용 선호도와 부동산 가치에 중대한 영향을 미친다. 문화적 특성에는 도로, 상하수도, 전기, 건물의 물리적 기반시설도 포함된다. 도시설계 프로그램에 따라 이러한 속성 중 어느 것이든 토지가 어떻게 궁극적으로 설계되고 개발될 것인가에 중요한 영향을 미칠 수 있다.

분 류	요 소	속 성
문화적	인구	성별, 연령별, 소득별 분석 가구수, 가구 규모, 가구 형태
	토지이용	이전의 토지 사용 법정 지목과 실제 이용 상태 소유 형태 인접 지역의 토지 이용
	규제	건축 법규 지역권
	동선	보행 / 차량 / 대중교통 주차장
	자원시설	상수도, 전력, 통신, 가스
	역사적 차원	유형유산 무형유산
	기존 시설과 주변 컨텍스트	노후도 가로경관
	감각	가시성 시각적 질 소음 냄새

<그림 1-12> 문화적 특성

2) Site Analysis 대상지 분석

대상지 분석은 계획된 용도들(programmed uses)과 대상지의 적합성을 요약하는 것으로 물리적, 생물학적 그리고 문화적 특성들의 다양성이 계획하고 있는 과업과 어느정도 적합성이 있는지 보여 줄 수 있다. 대상지 특성이 담긴 정보는 개발과 대상지 또는 특별한 프로그램의 목적과 대상지 간의 적합성을 나타내주기 위해 한 장 또는 여러 장의 도면으로 나타나게 된다.

특수한 과업의 경우 대상지 적합성은 대상지의 자산과 정주성 또는 기회요인과 제약요인 간의 함수가 되며, 대상지와 관련된 기회요인인 자산, 특색있는 자연 또는 문화적 자산은 보호되어야만 한다. 이러한 자산들은 대상지의 미적 품질을 올려줄 뿐만 아니라 커뮤니티 또는 지역에서 대상지의 장소성을 높이는 데 기여하게 되며 대부분의 개발가능 대상지는 개발과 더불어 복원하거나 개선되어야 할 훼손지도 포함된다.

대상지와 관련된 제약요인에는 기존에 상업 또는 공업 용도 사용으로 나타나게 되는 화학적 오염도 포함되며, 대상지 분석은 환경복원이 필요한지, 오염으로부터 인접한 자원을 보호하기 위해 어떤 조치를 취해야 하는지, 어떤 건물과 기반시설은 사용할 수 있거나 재활용할 수 있는지를 평가하게 된다. 또한 대상지 분석은 용도지역 그리고 기타 토지이용과 관련된 규정과 같은 법적 요건들을 고려하며 대상지에 대한 기회요인과 제약요인들을 기록화하는 것으로 토지이용계획 및 설계를 위해 매우 중요한 과정이다. 대상지의 물리적, 생물학적 그리고 문화적 특성 범위에서 대상지와 관련된 정보들을 제공하는 것은 개발과 이로 인해 발생될 수 있는 다양한 부정적 영향을 최소화 하려는 과정에 참여한 관련 전문가들에게도 매우 유용한 정보가 된다.

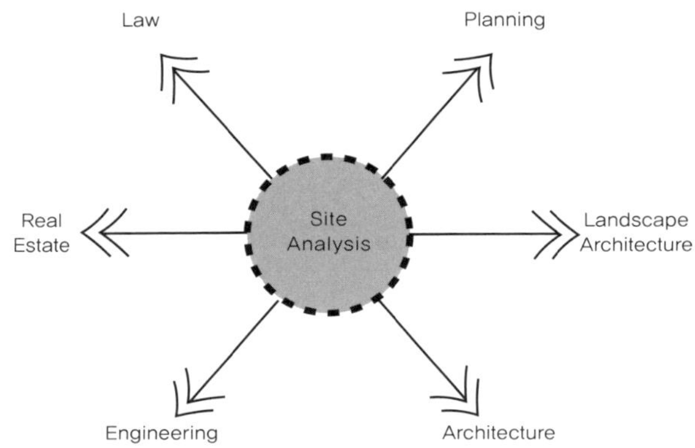

<그림 1-13> 대상지 분석 결과의 사용

대상지의 물리적, 생물학적 그리고 문화적 특징만을 단순히 표기만 하는 대상지 조사(site inventory)는 대상지 분석으로 볼 수 없는데, 예를 들어 나무군락의 위치 또는 나무 종류 등을 보여주는 식생도는 한 개의 속성과 관련하여 대상지가 가진 현황만을 나타내줄 뿐이기 때문이다.

대상지와 관련된 공간정보를 그래픽 커뮤니케이션 또는 시각화하는 것은, 실무전문가들에게는 매우 중요한 부분으로 대상지와 주변에 대한 공간정보는 맥락-민감도(context-sensitive) 및 도시설계를 위해 필수 불가결한 것이다. GIS와 3차원 시각화 기술의 발전은 디지털 맵에 담기는 대규모 정보를 상업적으로 사용할 수 있는 것과 더불어 도시디자이너들에게 분석과 의사소통할 수 있는 능력을 확장시켜주는 중요한 도구이다.

■ 설계단계(Design Phases)

일반적으로 설계단계는 개념설계, 기본설계 및 실시계획이라는 3단계로 구성된다.

● 개념설계(Conceptual Design)

도시설계는 총론으로부터 각론까지(일반적인 것에서부터 세부적인 것까지) 넘나드는(transitioning) 반복의 과정으로, 대상지 분석과 더불어 준비된 프로그램을 대상지에 적용하는 과정인 개념(Concept) 개발이 시작된다. 도시설계는 과업이 가진 프로그램 항목들을 대상지의 고유한 형태에 적용해야 하는데, 예를 들어, 지형, 기후 및 수문학은 건조환경 설계를 형상화하는 주요한 물리적 특성들이고 지역 역사 및 지역 건축물과 같은 문화적 특성은 중요한 개념을 도출하는 인자가 된다.

컨셉(concept)은 과업이 제안하는 요소들과 현장에서 개선될 것들을 공간적으로 체계화하며 만일 프로그램이 비현실적이라면 설계 컨셉과 잠재적인 사업 비용 간에 손실을 초래할 것이고 이것은 프로그램과 컨셉의 변경 또는 대체부지를 물색해야 하는 결과를 가져오게 한다. 2개 또는 그 이상의 컨셉을 만드는 것은 다양한 의사결정권자들로부터 합의점을 도출할 때 매우 유용하며, 만일 한 개의 컨셉이 다른 컨셉들과 비교해 월등할 경우, 덜 바람직한 열등 대안과 비교하면서 우수 대안이 가진 긍정적인 증거들은 제시한다면 좀 더 설득력 있을 것이다. 종종 최고의 컨셉은 다양한 대안적 컨셉에서 나온 아이디어를 융복합해서 나오는 경우도 있다. 개념설계는 현황분석 결과를 바탕으로 프로그램을 대상지에 어떻게 구현시킬 것인가라는 컨셉을 기반으로 도시골격 및 공간구조 등을 간략한 스케치 또는 다이어그램 등으로 배치구상을 제안하게 된다.

● 기본설계(Design Development)

주요 프로그램 내용들과 중요한 대상지 현황은 시각화 도면 및 다이어그램 형식으로 개념설계에 표현 되는데, 예를 들어 동선 흐름도는 종종 화살표 형태로 표시되고, 주 용도 또는 활동 영역은 원(bubble)으로 표현된다. 기본설계는 개념설계에 있는 컨셉과 이러한 다이어그램 요소들의 내용을 좀더 명확하게 발전시키고 공간적으로 구체화하는 과정으로 과업의 프로그램과 상관없이, 기본설계는 프로그램 요소들이 어떻게 다른 요소들과 기능적으로 관계되는지를 평면도, 단면도, 입면도 그리고 3차원 조감도 등을 포함해서 문서화한다. 계속해서 반복되는 설계과정을 통해서 블록, 획지, 가로, 오픈스페이스, 주차장, 동선, 건물 체계 등을 분명(define)하고 명확(articulate)하게 설계해 나간다.

● 실시계획(Construction Documentation)

도시설계는 건축 및 토목과 다르게 실시설계 도면을 작성 하지 않는 특성을 가지고 있다. 대신 기본설계를 바탕으로 실시계획은 평면도, 입면도, 단면도 및 세부 상세도 등을 포함하여 인허가를 위한 도면과 문서로 구성된다. 실시계획은 인허가를 받기 위해 다른 분야의 세부 설계 도서 및 제반영향 평가서 등을 포함해서 과업 실행을 위한 내용들을 문서화하는 것을 의미한다. 실시계획도서가 일단 완성되면 필요로 하는 자금과 인허가 과정이 필요하고, 인가 및 고시후 과업이 실행(implemention)된다.

■ 실행단계(Implementation Phase)

과업의 내용, 위치 및 범위에 따라서, 중앙정부 또는 지방정부 차원에서 인허가를 받게 되면 관보를 통해 고시 된다. 특히 지방정부는 관할지역 대상지에서 진행되는 개발사업에 대한 면밀한 검토 및 심사과정을 통해 건강하고 지속가능한 도시를 만들어 가는 데 중요한 역할을 하게된다.

■ 결론

대상지와 주변 현황에 대한 충분한 이해는 대상지와 과업 프로그램을 정합성 있게 만드는 중요한 선행조건이다. 개별 대상지는 물리적, 생물학적 그리고 문화적 특성이 있고, 이러한 특징 일부는 특정 용도에 대한 대상지의 적정성 여부를 제한하기도 한다. 만일 대상지에 대한 현재 상태를 잘못 이해하게 되면, 대상지 개발은 환경, 사회 및 경제 측면에서 부정적 영향을 일으킨다. 분야별 전문가들과 함께 진행되는 도시설계는 토지의 기능을 효율적이고, 미적이며, 환경적으로도 지속가능하게 사용될 수 있게 하려는 예술적, 체계적 그리고 과학적 활동이다.

2부

도시설계 실천

01 대상지 선정 및 프로그래밍

도시개발은 일반적으로 다음과 같은 두 가지 형태로 진행되는데, 첫 번째는 발주자가 토지만 가지고 있고 개발 프로그램을 선택하는 경우, 두 번째는 발주자가 개발 프로그램은 가지고 있지만 이를 실현할 토지를 찾는 경우다. 전 국토를 볼 때, 개발 가능지는 크기, 형태, 성격, 그리고 주변 상황에 따라 다양하기 때문에, 대상지선정은 가능 후보지들을 찾아내어 이를 평가하고 계획된 프로그램을 잘 구현할 수 있는 최적지를 선택하게 된다.

도시문제 해결을 위한 도시설계(토지이용계획 및 설계, 단지계획 및 설계 등) 작업에서 도시디자이너들이 해결해야 할 독특한 문제들은 항시 내포되고 있다. 이러한 문제는 초기에 분명하게 드러나지 않을 수도 있지만, 도시설계과정에 따라 대상지 조사, 분석 및 설계과정에서 고려해야 할 작업 범위와 방향 설정에 매우 큰 영향을 미친다. 도시개발 및 재생을 위한 민간의 프로그래밍은 공공 건물 및 기타 기관 시설을 위한 프로그래밍보다 덜 제도화되어있는 것이 사실이며 프로그래밍은 도시, 건축 또는 공학 과정에서 보다는 경영대학 또는 부동산대학에서 종종 학습되는 지식과 기술들을 필요로 하기도 하지만 프로그래밍은 도시설계과정에서 점점 더 중요한 부분이 되고있다.

과업 프로그래밍은 다음과 같은 네 가지 기본 단계를 포함한다.

- 과업 시작
- 과업 비젼 및 목표 개발
- 과업의 운영 및 물리적 요구사항 결정
- 프로그램을 문서화하여 발주자에게 발표

프로그래밍은 모든 도시설계 과제의 필수적인 부분으로 프로그래밍 과정은 사용자 요구, 대상지 및 주변 환경 그리고 성공했거나 성공하지 못한 기존 사례에 대한 정보들이 필요하다. 과업 프로그램은 단순히 원하는 과업 요소들을 나열한 것일 수 있지만, 과업 비전, 목표, 전략 및 현장 상황에 따라 구체성이 다를 수 있고 프로그램된 용도들과 관련한 품질 수준은 종종 설계지침 형태로 제시되기도 한다.

1.1 대상지 선정

본 사례는 행복도시 5-2 생활권에 대한 개발계획 및 지구단위계획을 수립하는 도시설계과정을 내용으로 담고 있으며, 행정중심복합도시 건설기본계획(2006)에 사례 대상지와 관련한 매우 간략한 위치와 프로그램은 이미 결정되어 있었다.

■ 대상지 선정

상위계획인 행정중심복합도시 건설기본계획에서는 생활권별 도시기능을 설정하고 있는데, 5생활권의 도시기능은 의료 · 복지로 계획되어있으며 대상지 수용인구는 17,152 인으로 되어있다.

이에 따라 행정중심복합도시 개발계획 변경에서 종합의료시설이 계획되어 있으므로 대상지로 선정된 5-2 생활권에서는 앵커 의료시설과 복합 기능 등을 계획해야 했다.

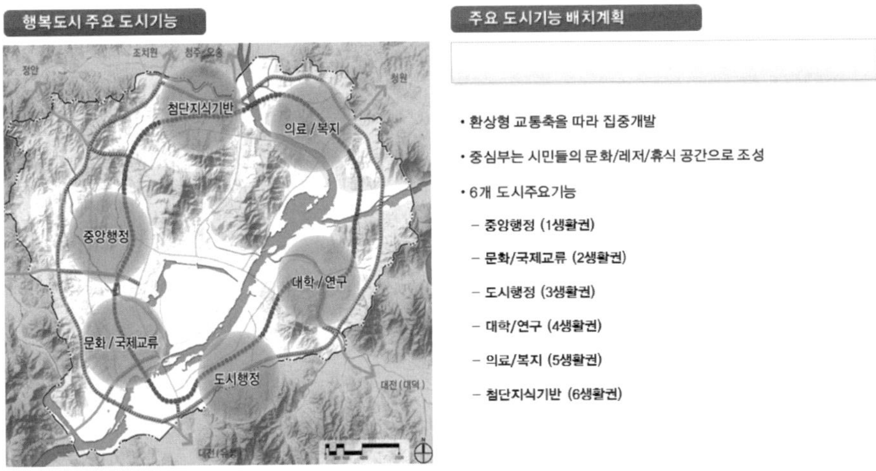

<그림 2-1> 행정중심복합도시 건설기본계획(2006. 7) 중 주요 도시기능

<그림 2-2> 행정중심복합도시 건설기본계획(2006. 7) 중 도시기능 배치계획

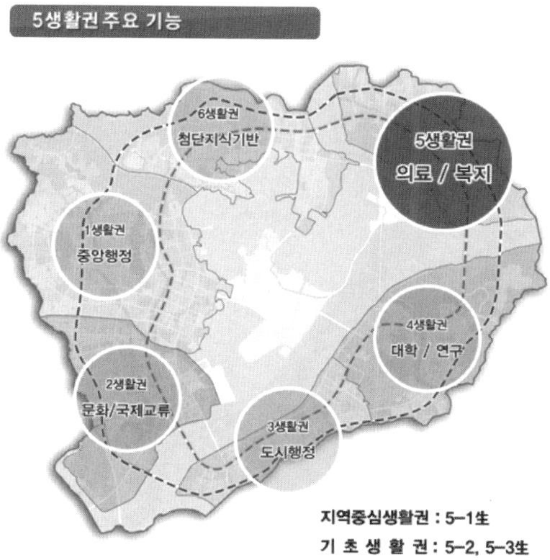

■ 주요기능 : 국립의료원, 병원 등 종합의료시설 입지

- 높아지는 의료복지에 대한 수요대응, 정주조건 향상을 위해 선진적 의료복지시설로서 **의료 · 복지 · 요양형 종합병원 도입**
- 의료복지 기능은 양호한 자연환경 확보와 **오송 생명과학단지** 연계성 고려, 행복도시 북동쪽 배치
- 의료복지 기능 및 첨단 메디컬 시설과 연계된 **상업업무시설** 배치

□ **행복도시 종합의료시설 계획**

- 대형 종합병원은 미호천 북동쪽 "의료/복지 기능" 중심지역 배치
- 전문적 성격을 지닌 중규모 종합병원은 2개소 계획, 1개소는 중앙행정기관과 연접하여 배치하고, 1개소는 도시행정지원시설 부지 내 배치

구 분	번 호	위 치	면적(㎡)	비 고
합 계			215,802.3	
종합의료시설	의1-1	도담동 407	35,261.3	
	의3-1	소담동 35-8	2,200.0	
	의5-1	연동면 합강리 204-4 일원	120,482.0	대형종합의료
	의5-2	연동면 다솜리 1114 일원	57,859.0	

<그림 2-3> 행정중심복합도시 개발계획 변경(2016. 1) 중 5생활권 주요 기능

■ 대상지 개요

- 위 치 : 세종시 연동면 합강리, 다솜리, 용호리 일원
- 면 적 : 1,792천㎡

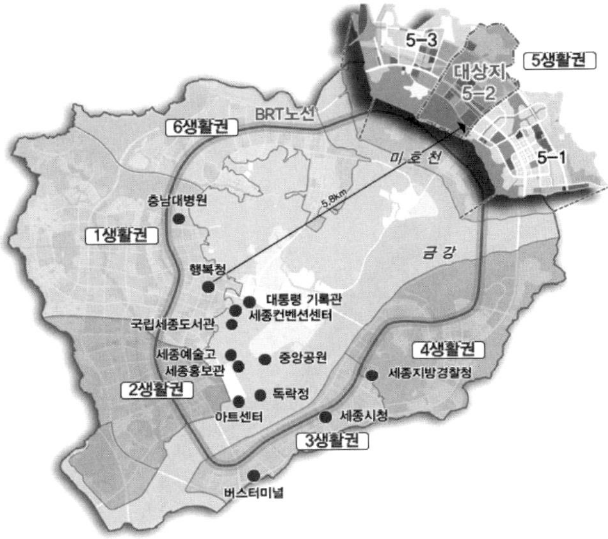

1.2. 프로그래밍

건설기본계획에서 대상지와 관련해 정해진 간략한 프로그램만 가지고 개발계획 및 지구단위계획 수립을 진행하기에는 구체성이 결여되어, 설계과정 초기에 5생활권의 성격 및 도시기능 그리고 5-2생활권의 지위-성격-도시기능을 수립하는 과정이 진행되었다. 프로그래밍과 관련해 관리 · 감독기관인 행복청 공무원 및 공사직원 그리고 협력 회사도 구체적인 내용들을 가지고 있지 않아 총괄MP인 나로써는 설계 작업을 해나가는 것이 매우 난감했었다. 프로젝트에 대한 구체적인 프로그램이 있어야 그다음 설계과정을 진행할 수 있는데, 프로그램의 중요성, 이에 대한 이해 및 수립과정에 대한 인식이 전혀 없었다는 것을 인지하게되어 도시설계 전문가들은 프로그램 수립에 적극적으로 참여하여 함께 수립해주는 것이 필요하다.

1) 5-2생활권의 지위·성격 및 도시기능

가. 계획 경위

MP 착수 회의(2020. 1. 13)에서 5 생활권 및 5-2 생활권의 지위 · 성격 및 도시기능 설정 필요성을 제시하였고 "연결+채움→완결"을 제안하였다.

제2차 MP 회의(2020. 2. 07)에서는 상위계획, 개발현황, 미래 성장기능을 고려하여 도시기능에 대한 논의가 시작되었고 5생활권은 행복도시에서 마지막으로 개발되는 곳이므로 행복도시의 미래먹거리 산업을 유치하고, 행복도시에 필요하지만 다른 생활권에서 수용 못 한 기능 등을 채워주면서 1생활권~6생활권을 상호 연결해주는 기능을 5생활권이 담당해서 행복도시를 완결시키는 것으로 방향성을 정리하였다.

나. 계획 내용

제3차 MP 회의(2020. 2 13)에서 5-2생활권의 지위는 행복도시의 완결, 성격은 연결과 채움 그리고 기능은 행복도시에 필요한 기능을 추가적으로 수용하는 것으로 하였다.

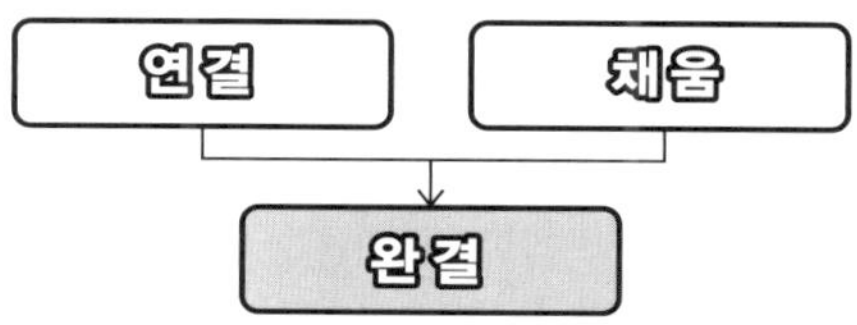

5-2생활권의 계획 방향은 5-1생활권이 이미 스마트시티 국가 시범도시로 선정되어 개발계획이 고시되어 진행되고 있기에, 5-2생활권 및 5-3생활권만 방향 설정이 필요한 상태였다. 5-2 생활권은 건강한 생활권으로 만들기 위해 의료, 실버, 의료관련 캐어시설 및 신체활동을 증진시키는 동선체계 및 공간형태를 제시하였고, 5-3생활권은 미호천에 접하고 오송에서 들어오는 관문에 위치하고 있어 경관을 중시하고 다양한 주거유형을 공급하는 생활권으로 개념을 설정하고 구체사항은 추후 5-3생활권 개발계획을 수립하게 될 팀의 과제로 남겨두기로 했다. 5생활권 전체에 대한 프로그램과 각각의 생활권에 대한 프로그램은 수립하지도 않은 채 5-2 생활권 개발계획을 수립하는 과정을 발주시켰다는 것은, 도시를 만들어가는 담당기관의 무계획성과 무책임성을 여실히 느끼게 해주었던 기회였고, 이 부분 즉, 프로그램 능력에 대한 도시설계부문의 진출과 노력의 필요성을 깨닫게 되었다.

제4차 MP 회의(2020. 2. 21)에서는 도시기능 설정의 기본방향을 설정하였는데, 행복도시 건설기본계획 및 행복도시 개발계획을 통해 완결성을 고려한 도시기능과 미래성장을 하기 위한 도시기능은 인구 50만명 규모의 행복도시에 필요한 도시기능 및 개발현황을 조사한 후 5-2생활권에 도입할 도시기능을 설정하기로 했다.

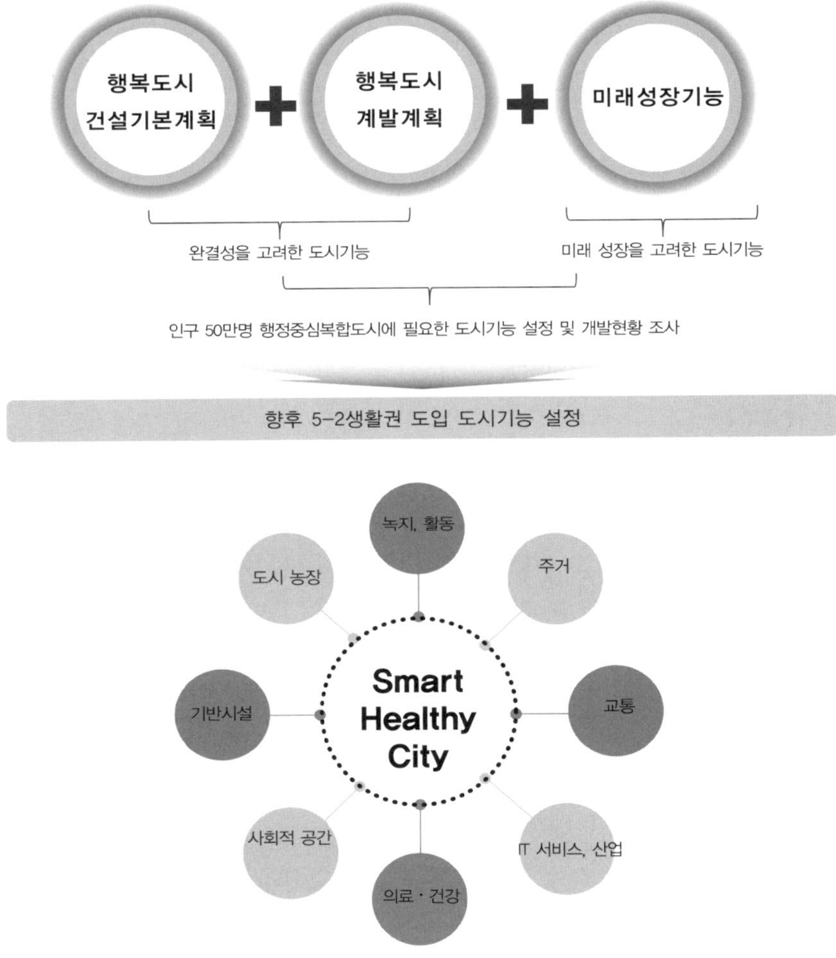

<그림 2-4> 도시기능설정 제안

다. 최종 도시기능 설정(2020. 3. 5)

● 5생활권의 성격

행정기능 중심 도시에서 복합적 자족도시로 발전해야 하는 행복도시의 대내적 환경과 새로운 성장동력과 도시변화를 요구하는 대외적 환경을 고려하여 생활권의 성격은 MP 회의에서 "연결"과 "채움"을 시간축(과거–현재–미래)과 공간축(생활권–광역)의 개념으로 확장하여 5생활권의 성격으로 설정했다.

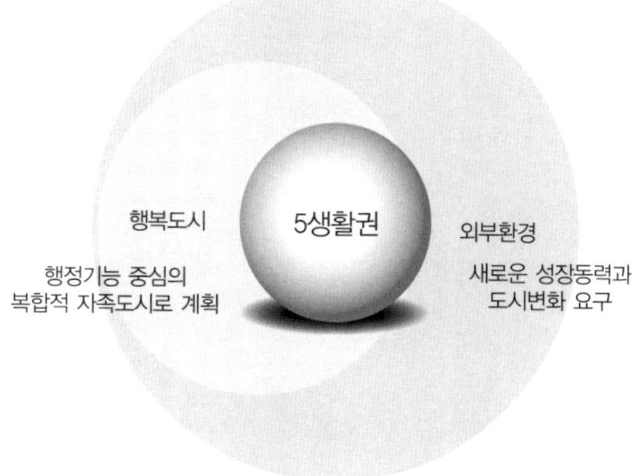

<그림 2-5> 대내외 환경

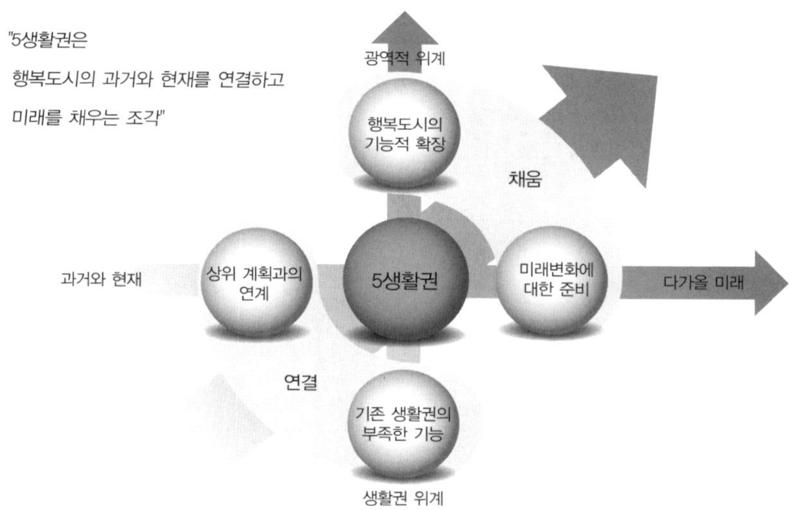

<그림 2-6> 5생활권의 성격

● 5생활권의 도시기능

5생활권의 도시기능은 과거 행복도시의 개발 기조를 연결하는 상위계획 및 개발현황, 광역적으로 채워가야 할 바이오–헬스케어 분야의 산업 및 연구 기능, 미래를 채워가야 할 보행 중심의 스마트시티 등을 기능으로 도출했다. 물론 바이오분야 관련 오송과의 입지적 거리도 고려하였으나 경쟁보다는 협력으로 설정하였다.

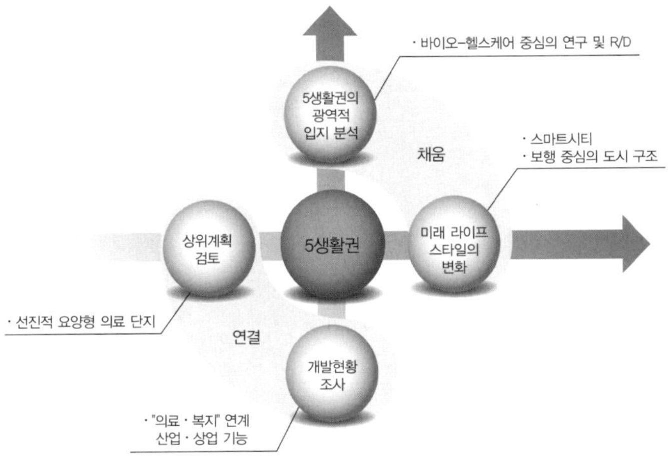

<그림 2-7> 계획방향 및 기능설정

● **5-2생활권의 도시기능**

도출된 5생활권의 도입기능 중 5-2생활권은 의료복지 및 5생활권의 결절지 역할을 할 것으로 예상하였고, 의료/복지 연관기능, 의료/복지 특화주거/스마트시티 파급성장기능 및 기초생활권/환승주차장을 주 도시기능으로 설정했다.

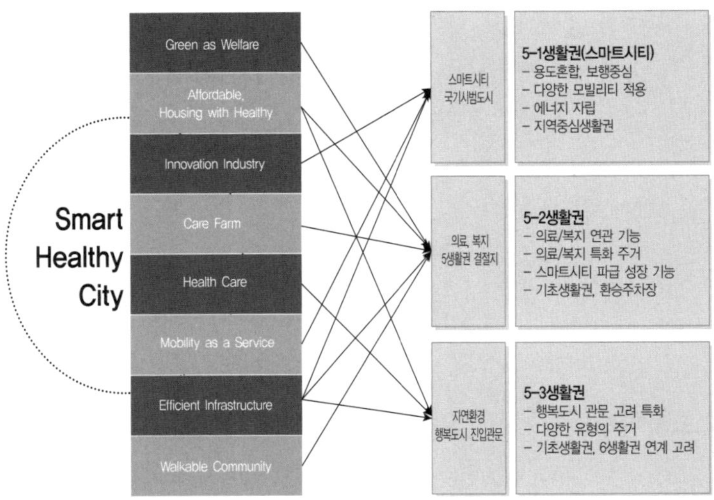

<그림 2-8> 5생활권의 기능 배분

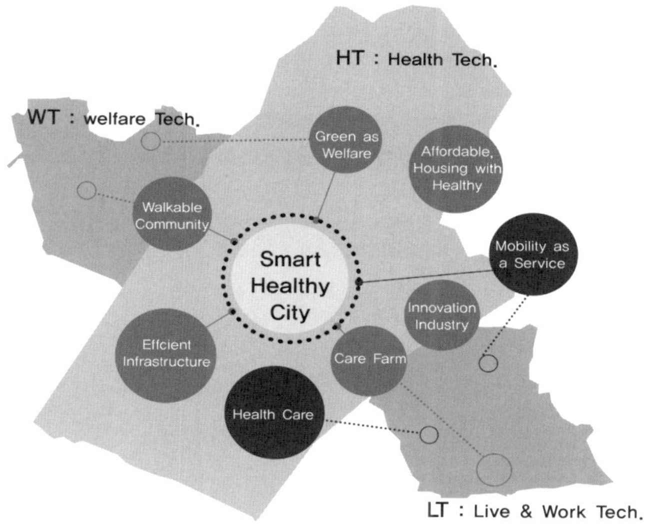

<그림 2-9> 5-2생활권 도시기능 설정

2) 프로그래밍

개발컨셉은 설계과정에서 매우 중요한 것으로 도출된 쟁점(issues)을 바탕으로 과업에 대한 추상적 비전(vision)을 설정하고 이에 따른 목적(goals)설정과 목적을 구체화하는 목표(objectives)를 설정해야 한다. 국내에서는 목적과 목표를 동일시 하고 있는 경우가 많으며 이후 이를 실천할 수 있는 전략(strategy)을 도출해야 한다. 이러한 일련의 과정을 개발컨셉 설정과정이라고 하며 설계과정의 방향을 제시해주는 역할로 매우 중요하며 구체적인 물리적 설계를 위한 방향 설정을 해주게 된다. 컨셉설정은 신도시개발 또는 도시재생에서 실무자들을 도와서 MP나 민간 전문가들의 역할을 제대로 보여줄 수 있는 부문으로 도시설계관련 이론, 패러다임 및 전략적 사고 등 관련 지식이 많이 필요한 단계이다.

앞서 검토된 5-2생활권의 성격 및 도시기능을 기반으로 미래 변화를 준비하는 Smart Healthy City를 비전으로, 상위계획 상 도시기능인 의료, 건강도시를 지향하는 보행 중심의 도시구조 등을 구체화하여 목표 및 전략을 설정하였다.

- 비전 : Smart Healthy City
- 목표 : 보행 중심의 건강한 도시, 의료 중심 복합성장기능, 지속가능한 도시 구조
- 특화전략 : 케어팜, 리빙랩, Healthier Community

<그림 2-10> 1차 및 2차 개발 Concept

● 3차 제안(2020. 9. 2)

– 1차 및 2차 제안을 바탕으로 비전은 미래 변화를 준비하는 Smart Healthy City, 목표는 Walkable City, Smart Healthy City, 전략은 보행 활성화, 커뮤니티 강화, 의료기능, 스마트시티로 개발컨셉을 다시 설정하였다.

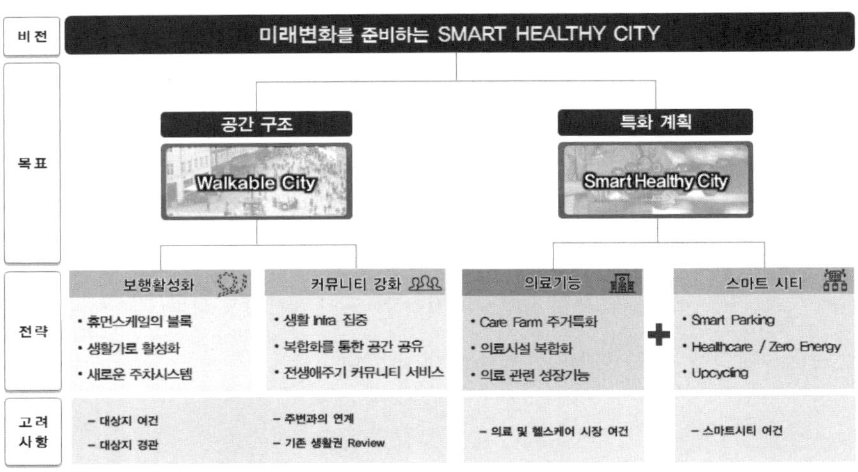

<그림 2-11> 3차 개발 Concept

● **최종안(2020. 12. 17)**

- 개발컨셉은 도시설계의 환류 과정을 통해 지속적으로 변경되기도 하지만 기본설계가 들어가기 전까지는 발주자로부터 동의를 받아 방향성을 결정하는 노력이 필요하다. 그렇지 않으면 후속과정에서 지속적으로 변경되기 때문에 일관적인 작업 진행이 어렵기 때문이다.
- 건강한 도시와 관련하여 신체활동을 하면서 거주하게 되는 유렵형 care farm과 농작물을 돌보면서 건강한 식자재를 취득하고 공동체를 형성해가는 urban farm을 적극적으로 도입하고자 하였다.
- 의료기능 복합화 및 스마트팜 연계 특화를 반영하는 최종 개발 컨셉을 제시하였으며, 비전은 미래 변화를 준비하는 Smart Healthy City, 목표는 Walkable City와 Healthy City로 설정하였으며 공간구조를 위한 전략으로는 보행 활성화 및 커뮤니티 강화를 특화전략으로는 의료기능 복합화 및 스마트팜 연계로 결정하였다.

<그림 2-12> 개발 Concept 최종안

02 대상지 분석(Site Analysis)

건강한 도시개발은 생태 자원의 보존과 천연자원은 물론 문화유산까지 보호하는 것을 의미하고 있으나, 어쩔 수 없이 개발로 인해 환경이 저해되거나 다른 영역에 대한 경제-사회적 비용을 초래하는 결과를 사업 기간 동안 또는 완료 후에도 발생하게 할 수도 있다. 따라서 대상지와 그 주변에 대한 세밀한 분석을 통해 개발로 발생 될 수 있는 부정적 영향이 최소화될 수 있도록 설계해야 할 것이다.

대상지가 본래 가지고 있는 문제점들은 개발을 통해 극복하려 시도하기보다는 그런 장소는 개발하지 않은 상태로 남겨두는 것이 바람직스럽다. 각각의 장소는 개발과 관련하여 "일률적인" 접근방식이 적합하지 않는 물리적, 생물학적 그리고 문화적 특성 간의 독특한 조합을 가지고 있으며 개발 적합성은 주어진 프로그램과 관련하여 대상지가 가진 기회와 제약 요소들의 함수로 볼 수 있다. 기회는 대상지에 대하여 호의적이거나 적합하거나 유리한 내용들로 이러한 대상지는 프로그래밍 된 용도를 위해 꼭 필요한 장소이거나 해당 용도로의 접근성을 쉽게 하는 속성을 가지고 있다. 제약은 특정한 용도와 관련하여 적합하지 않거나 제한이 있는 장소로 특정한 용도를 이곳에 유치하는 것은 배제하거나 불허하여야 할 것이다.

● 입지 여건

- 대상지는 정부청사에서 5.8㎞ 북동쪽에 위치하며 행정중심복합도시 진입부로 오송역(KTX) 및 청주공항과 접근성이 매우 우수한 여건이며, 스마트시티 국가시범도시(5-1生)와 연계한 스마트기술 확산 적용 지역으로 지역 성장동력의 중추기능을 담당하고 있다.
- 대상지 주변은 미호천, 노적산, 출동산 등의 수려한 자연환경을 보유하고 있다.

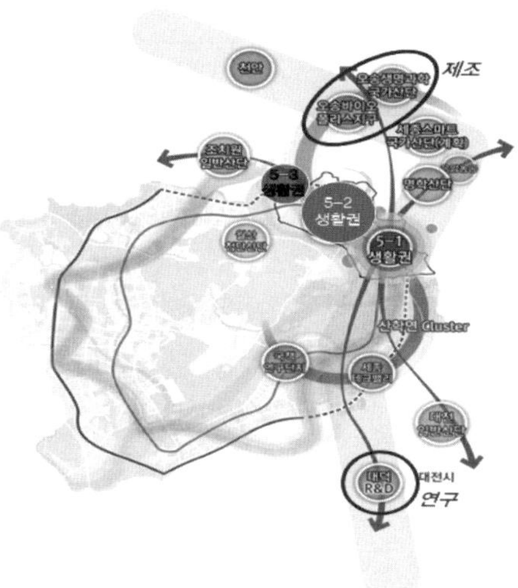

● 자연 환경

- 대상지는 구릉지 및 농경지가 대부분으로 완만한 경사지로 이루어져 있으며, 북동측에 출동산(149m), 남측에 노적산(154m)이 위치해 있으며 대상지는 대부분 남향 위주이며 남측에는 미호천, 내부에는 용호천이 흐르고 있다.
- 출동산 및 노적산 등 자연환경 훼손을 최소화 하고 5-3생활권과 연계되는 용호천 수계의 활용 등이 계획 수립 시 주요 사항으로 고려되었다.
- 용호천, 미호천, 출동산과 노적산으로 만들어진 자연경관은 반드시 연계하고 보호해야 할 기회 요소로 설정하였다.

<그림 2-13> 대상지 전경

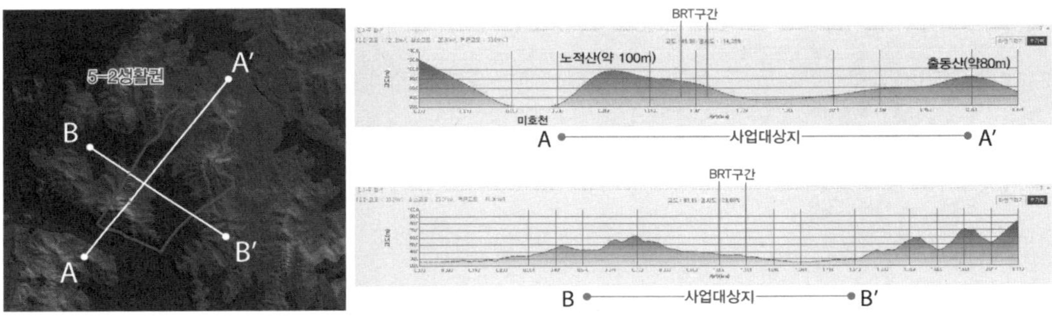

<그림 2-14> 5-2생활권 지형 단면

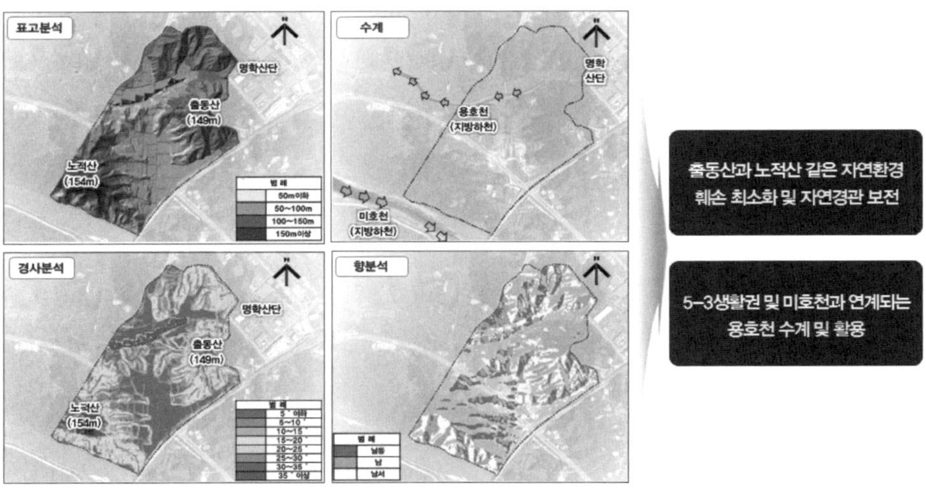

<그림 2-15> 대상지 자연 환경 분석

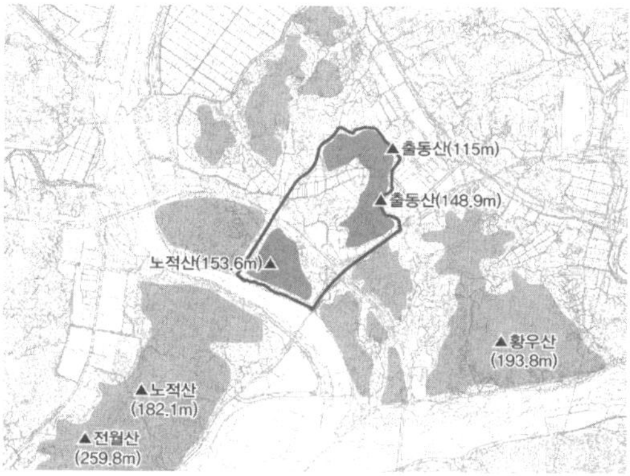

산림현황

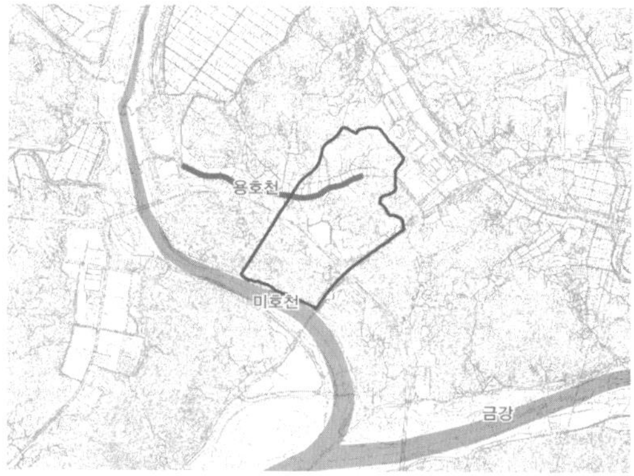

수계현황

<그림 2-16> 산림현황 및 수계현황

● 인문 환경

- 대상지 동측과 남측에는 보전산지가 지정되어 있으며 BRT 도로 주변으로 중심 미관지구, 용호천과 미호천 변으로 수변경관지구가 지정되어 있다.
- 기개설되어있는 BRT 도로 및 외곽순환도로 노선, 원형보전지, 임난수 장군묘, 용호천, 명학산단과 이어지는 기존 관습로 등이 계획 수립 시 고정요소로 고려되었다.
- 5-3 생활권은 용호천을 통해 5-2 생활권과 연계하기로 하였으며 BRT주변 중심지구를 통해 5-3 및 5-1과의 연계성도 도모하고자 하였다.
- 임난수 장군묘는 주변 개발에 미치는 영향이 클 수도 있기 때문에 문화적 가치에 대한 평가를 빠르게 진행할 필요가 대두되었다.

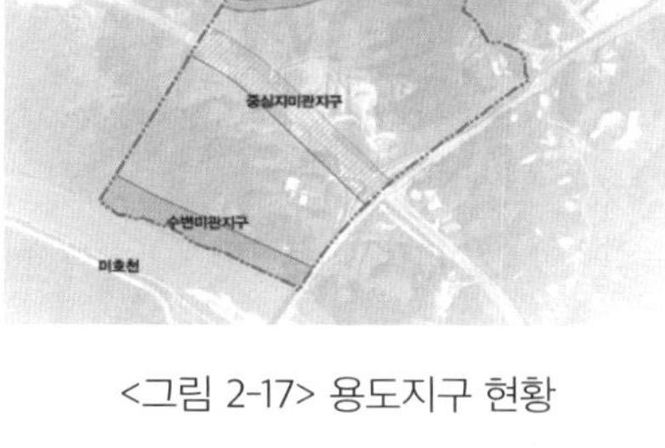

<그림 2-17> 용도지구 현황

<그림 2-18> 고정요소

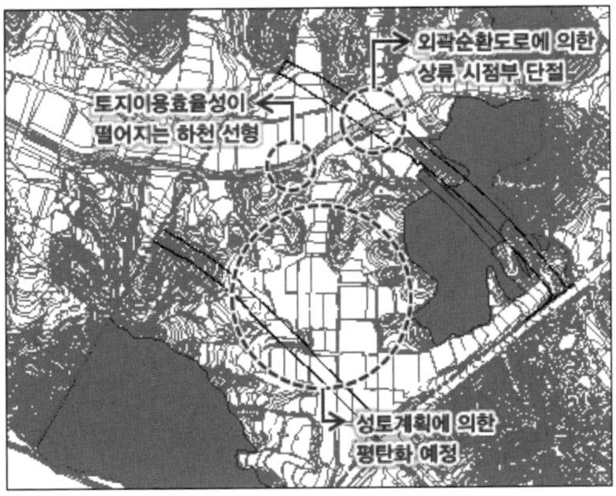

<그림 2-19 > 용호천 현황 분석

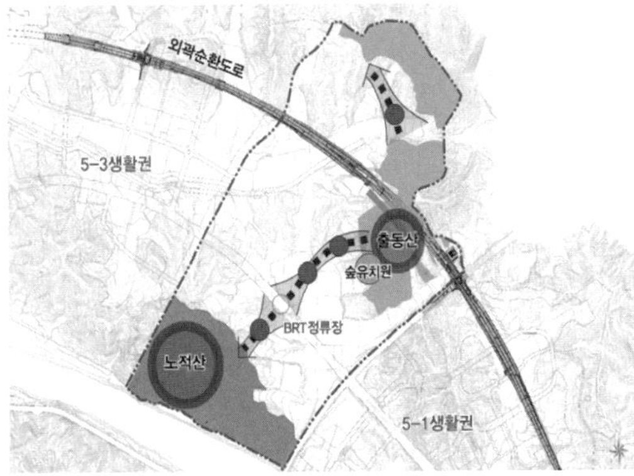

<그림 2-20 >공원 · 녹지축 분석

03 개념설계(Conceptual Design)

개념설계(Conceptual Design)는 프로젝트의 기본 요소들을 공간에 어떻게 구현시킬 것인가를 설계하는 과정으로 좀 더 상세하고 자세한 설계는 개념설계단계를 거친 후 나오게 되는데, 다양한 대안들은 대상지에 주어진 프로그래밍 활동이나 용도를 배치하기 위해 존재한다. 개념설계 작업에서 나타나는 복잡성은 대상지 및 주변 현황 조건에 대한 신중한 현황 분석이 진행된다면 충분히 줄어들 수 있다.

대상지 분석을 통해 도출되는 설계개념 결정인자(Design Concept Determinants)는 대상지에 적합한 프로그램이 공간적으로 적합하게 배치될 수 있도록 하는 역할을 하고, 개념설계에 대한 체계적이고 분석적인 접근법은 의사결정 및 고품질의 물리적 건조환경을 만들어 줄 수 있는 선결조건이 될 수 있다.

개념설계를 통한 공간계획 수립에 앞서 절차에 대한 논의과정이 있었는데, 먼저 현황분석 → 도시 골격 설정 → 보행 중심 도시구조 설정 → 건축 스터디 → 토지이용계획 및 설계 수립 과정으로 진행하기로 하였으며, 보행 중심 도시로 하는 도시 골격을 설정하기 위해 보행 중심 도시구조 설정 및 커뮤니티 강화방안 구상을 도출하기로 했다.

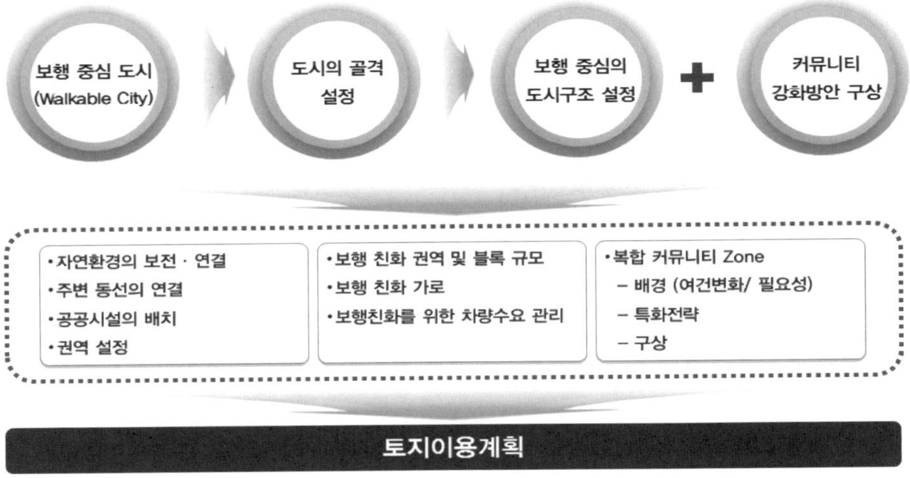

<그림 2-21> 공간계획 수립 절차

3.1 도시골격 설정

도시골격은 인간의 육체에 비유하자면 골격구조로 도시에 필요한 기능들을 잘 담을 수 있도록 하고 어떠한 영향을 미치는지를 잘 이해하는 것이 중요하다. 자연적 골격은 지역의 지형, 수로 그리고 훼손되지 않은 자연 요소들로 구성되며, 인공적 골격은 도로, 교량, 철로, 하수, 수도, 전기, 가스 시설들 그리고 지역의 외형과 전체적인 형태를 특징짓는 예를 들어, 사람에 의해 설계되어 조성된 오픈스페이스와 같이 자연환경을 대상으로 인간이 변형한 것들로 구성된다.

제7차 MP 회의에서 공원과 녹지축, 보행중심 Zone 등을 검토하였으며, 8차 MP 회의부터 자연환경의 보전 · 연결, 주변 동선의 연결, 공공시설의 배치를 고려하여 도시의 골격설정을 진행하였다. 12차부터 14차까지는 경관축을 그리고 교통 분야의 의견을 거쳐 자연환경 보전 및 연결, 보헝 및 차량 동선의 연결, 공공시설의 배치, 권역 설정 등을 고려하여 도시 골격을 설정하였다.

● 제7차 MP 회의(2020. 4. 9)

대상지의 주요 자연 요소인 출동산, 노적산, 용호천과 보행중심지인 BRT 정류장 연결을 기본방향으로 결정하고, 용호천의 선형은 외곽순환도로에 의한 시점부 단절 및 대상지 내부 토공계획에 따라 변경 가능한 사항으로 판단하여 마스터플랜 개념 및 수립 과정에서 변경/계획하기로 하였다. 그리고 BRT 정류장을 중심으로 보행권역 및 보행중심 블록규모 등을 검토하여 보행중심 Zone을 설정하였다.

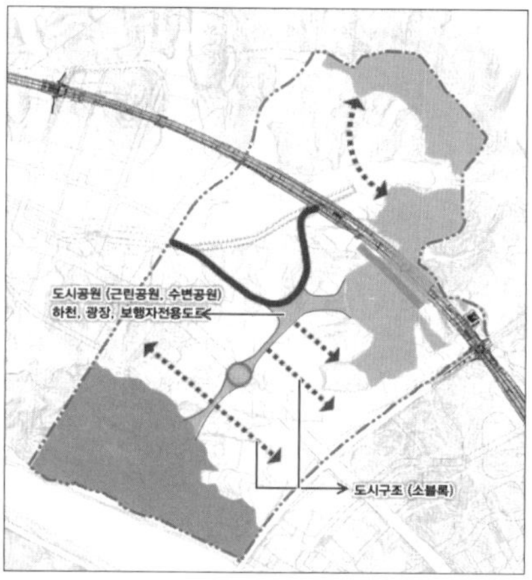

<그림 2-22> 도심 친수공간 고려안

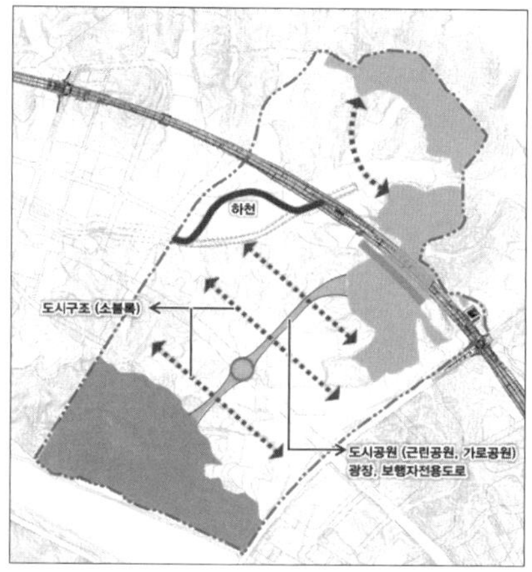

<그림 2-23> 가용지 고려안

● 제8차 MP 회의(2020. 4. 16)

자연환경의 보전 및 연결, 주변 동선의 연결, 공공시설의 배치를 고려하여 도시골격이 설정되었고, 주변 동선 연결 체계는 5-1 및 5-3생활권, 명학 산단과의 연결을 고정요소를 하여 상위계획에서 제시한 기초생활권에 필요한 공공시설이 도출되었다.

<그림 2-24> 도시의 골격 설정 방향

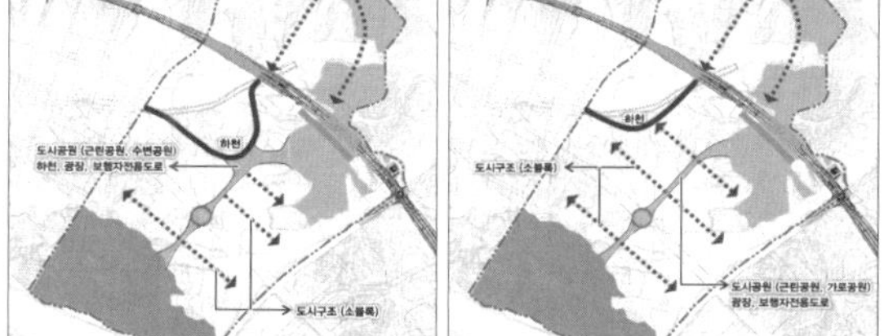

<그림 2-25> 자연환경의 보전 및 연결축

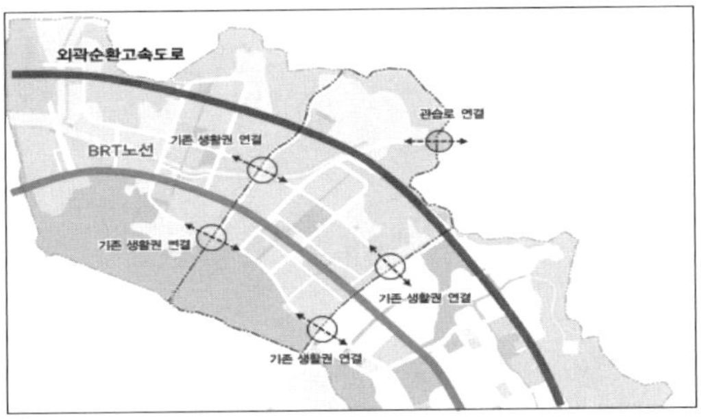

<그림 2-26> 주변 연결 고정요소

구 분	세부시설항목 및 면적	비고
교육시설	• 유치원 : 1,000㎡ (교육청 3,204㎡) – 숲유치원 : 4,800㎡ • 초등학교 : 14,000㎡ (교육청 15,000㎡) • 중학교 : 15,000㎡ (교육청 16,000㎡) • 고등학교 : 16,000㎡ (교육청 17,500㎡)	
체육시설	• 근린운동장(생활체육시설) : 6,000㎡	
복지시설	• 영유아, 아동, 노인복지시설 : 2,000㎡	
공공청사	• 복합커뮤니티센터 : 8,000~10,000㎡	

<그림 2-27> 기초생활권 필요 공공시설

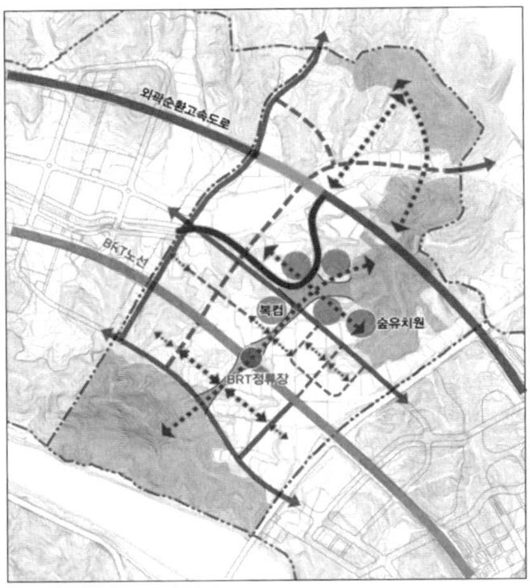

<그른 2-28> 도심 친수공간 고려안

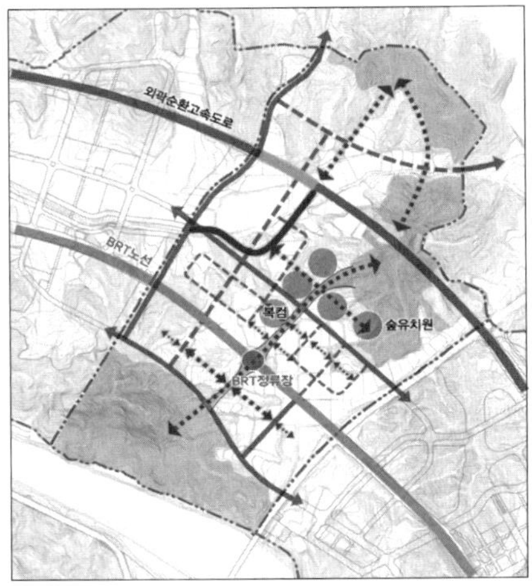

<그림 2-29> 가용지 고려안

● 제10차 MP 회의(2020. 5. 7)

대상지에 있는 자연환경의 보전 및 연결축 보완을 위해 용호천이 5–2생활권에서 발원하여 5–3생활권을 관통하는 것을 고려, 5–2 및 5–3생활권 전체를 대상으로 하천 선형을 검토하였다. 외곽순환도로 상부 녹지를 통하여 대상지 남북으로 연결축을 설정하였고 외곽순환도로와 BRT 도로 간의 계획고를 고려하여 보행친화 경사(4%) 달성이 가능한 권역도 살펴보았다.

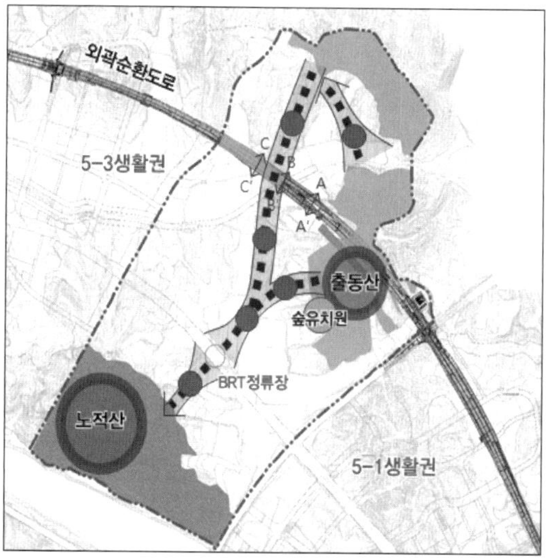

<그림 2-30> 공원 · 녹지축

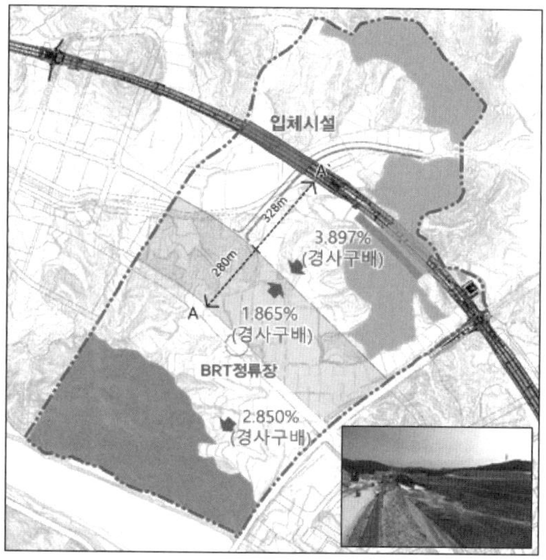

<그림 2-31> 외곽순환도로 경사 검토

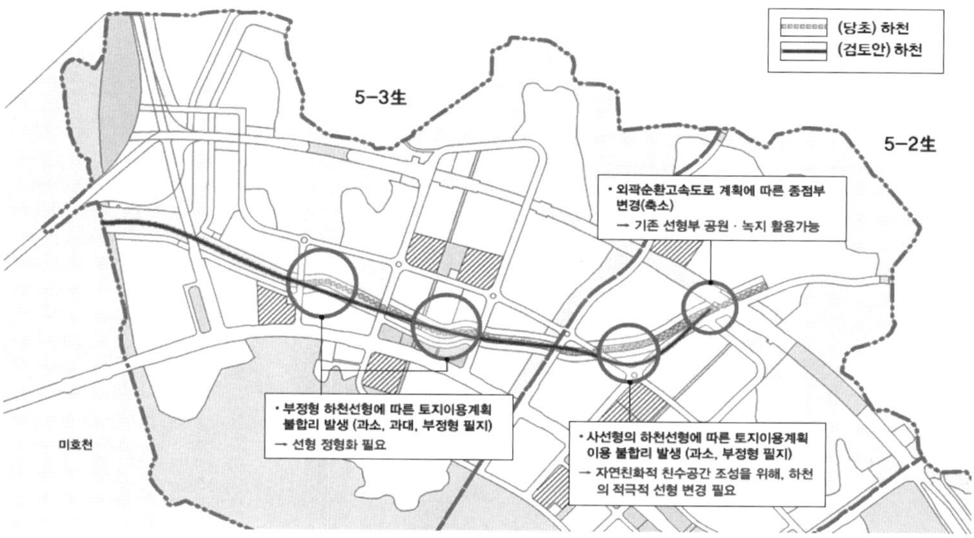

<그림 2-32> 5-2, 5-3생활권 전체에서의 용호천 선형 검토

대상지와 주변지역과의 동선연결을 위해, 먼저 대상지와 연접한 명학 산업단지의 기존 도로에 대하여 향후 도로의 위계나 기능 등을 분석하여 5-2생활권과의 연결 체계를 검토하였다. 그 결과 외곽순환도로와 BRT 도로 계획고를 고려하여 보행 친화 경사(4%) 달성을 위한 권역으로

설정하고 명학 산업단지와 5-2 및 5-3생활권 간 발생하는 통행량을 5-2생활권 내부로 연결하는 2안 및 3안보다 내판로로 직접 연결하는 1안을 연결축으로 계획하였다.

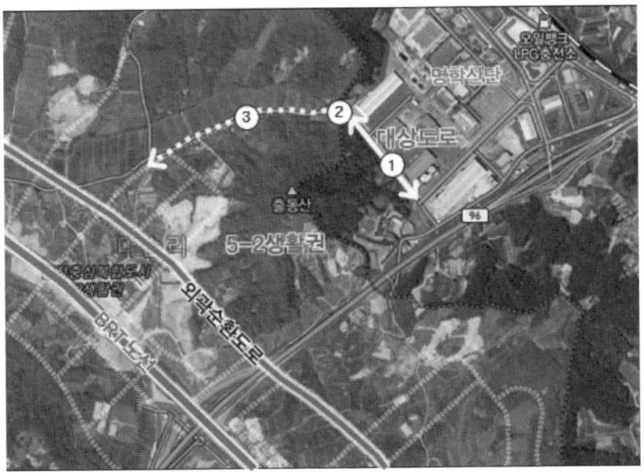

<그림 2-33>명학산단 연결 도로 현황

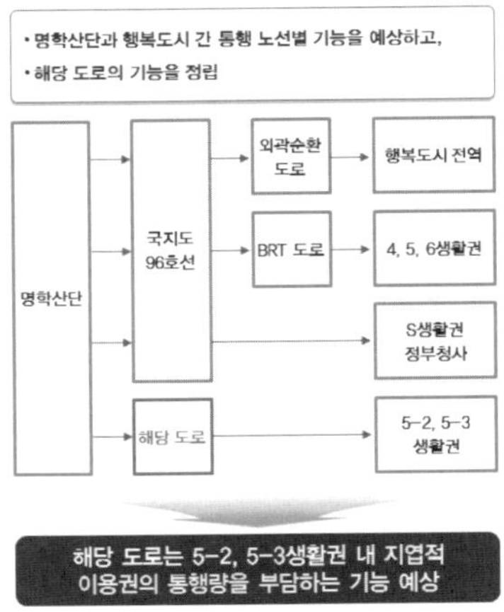

<그림 2-34> 연결 도로 기능 예상

구분	1안	2안	3안
개념	• 산업단지~내판로 연결	• 산업단지~5-2生~BRT 도로 연결	• 산업단지~5-2生/내판로 동시 연결
계획(안)			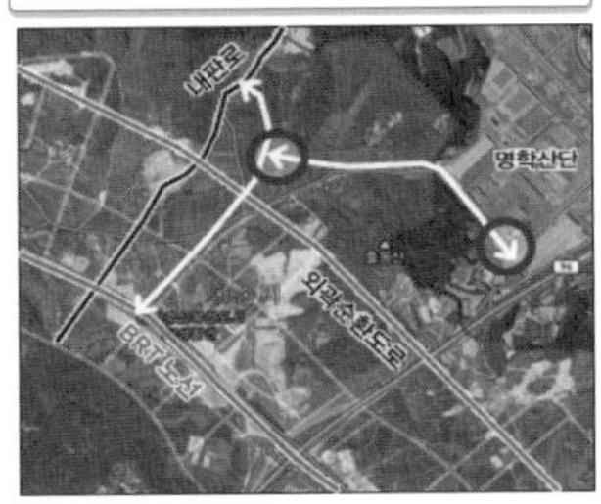
특징	• 명학산단으로부터 발생하는 통과교통을 5-2生 외곽 내판로로 유도 • 5-2生 내부로 교통량 유입이 적을 것으로 기대	• 명학산단으로부터 발생하는 교통량을 BRT 도로로 연결 • 5-3生 목적 통행까지 5-2生 내부로 통과시키는 문제 우려	• 명학산단으로부터 발생하는 교통을 내판로 및 BRT 도로로 배분 • 5-2, 5-3生 목적 통행이 분산되어 교통량 부담 완화 기대

<그림 2-35> 도로 연결 체계 대안

공공시설의 배치 검토를 위해 상위계획인 건설기본계획에서 제시한 공공시설의 종류 및 배치 예시, 실제 생활권 별로 조성된 공공시설의 배치 등을 먼저 검토하였다. 이를 바탕으로 BRT 정류장 및 가로변을 중심으로 광장 및 복합커뮤니티시설 등을 배치하고 교육환경 보호구역을 고려하여 학교는 BRT 도로부터 200m 이상 이격시켜 공공시설 배치구간을 설정하였다.

건설기본계획의 예시

- 주민 편리성 확보를 위해 BRT 및 연결보행 중심으로 공공편익시설 배치
- 공공시설, 교육, 문화, 복지시설 등을 평면적 · 입체적으로 복합화

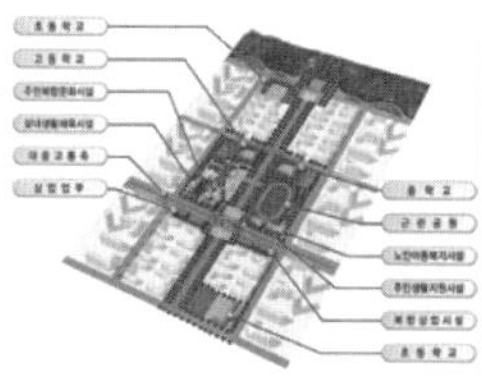

기초생활권 필요시설

구 분	세부시설항목 및 면적	비고
교육시설	• 유치원 : 1,000㎡ (교육청 3,204㎡) – 숲유치원 : 4,800㎡ • 초등학교 : 14,000㎡ (교육청 15,000㎡) • 중학교 : 15,000㎡ (교육청 16,000㎡) • 고등학교 : 16,000㎡ (교육청 17,500㎡)	
체육시설	• 생활체육시설 : 6,000㎡	
복지시설	• 영유아, 아동, 노인복지시설 : 2,000㎡	
공공청사	• 복합커뮤니티센터 : 8,000~10,000㎡	
주차장	• 환승주차장 : 6,285㎡	

공공시설 배치 현황

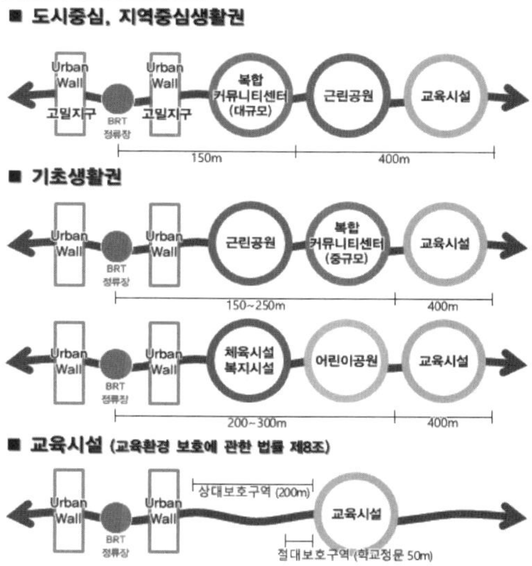

<그림 2-36> 생활권별 공공시설 배치 현황 분석

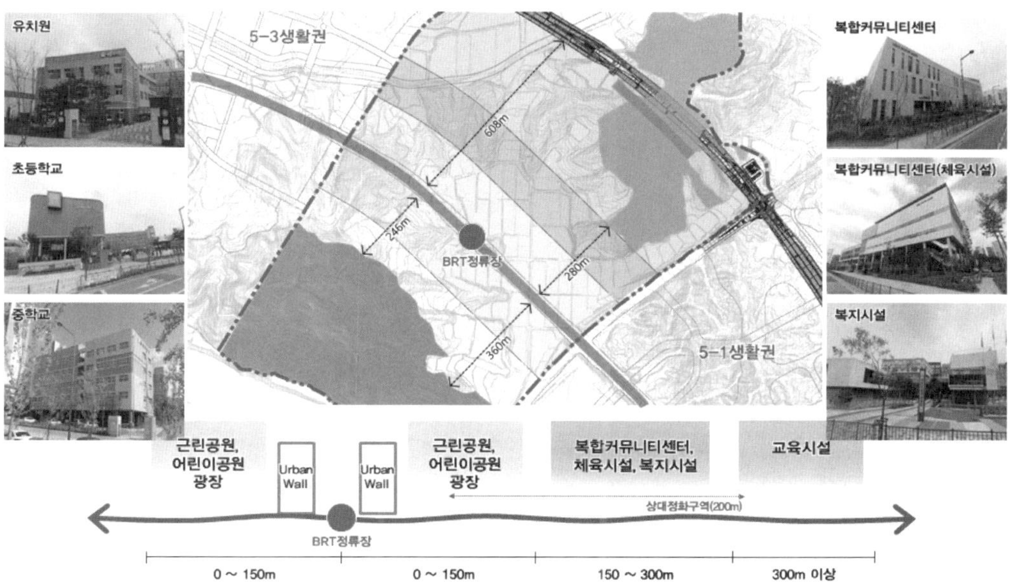

<그림 2-37> 공공시설의 설치 범위 설정

그 결과 출동산 – 외곽순환도로 상부 – BRT 정류장 – 노적산을 연결하는 자연환경 보전 및 연결축이 설정되었고 명학산단내 관습로 연결을 포함한 대상지 외부와의 연결축을 설정하였으며 BRT 도로부터 공공시설의 배치구간을 설정하는 도시골격 설정(안)이 도출되었다.

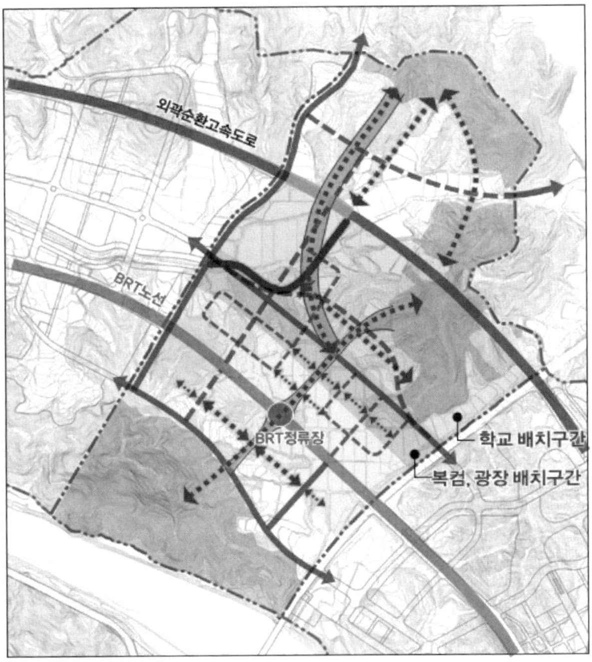

<그림-38> 도시골격 설정(안)

대상지를 둘러싼 자연환경에 대한 자연경관 설정 필요성에 의해 제12차 ~ 14차 MP 회의를 통해 경관검토를 수행하였는데, 주요 조망점에서의 가시권 분석을 통하여 산지 조망축, BRT 경관축, 커뮤니티 연계축 및 보행 순환축이 설정되었다. 산지 조망축은 자연환경의 보전 및 연결축, BRT 경관축은 가로벽 구간의 지구단위계획, 커뮤니티 연계축과 보행순환축은 복합커뮤니티 Zone의 계획에 활용하고자 하였다. 최종적으로 자연환경 보전 및 연결, 보행 및 차량 동선의 연결, 공공시설의 배치, 권역 설정을 고려한 도시골격이 설정되었다.

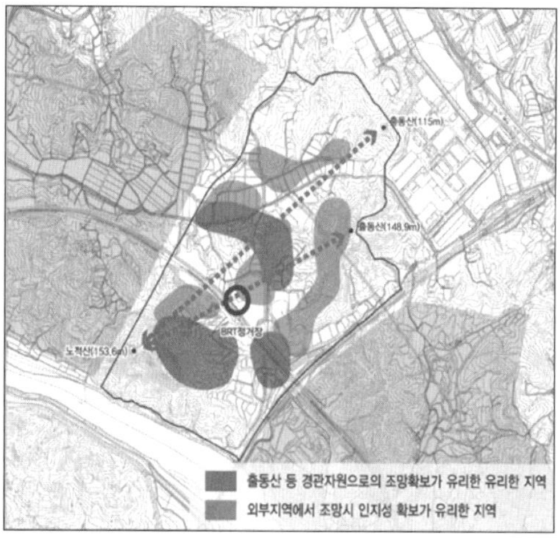

• 검토 결과
- BRT 정거장 : 주요 관문거점으로 조망통제점 역할 부여
- 가시빈도 높은 지역 : 상징공간 혹은 개방공간 역할 부여

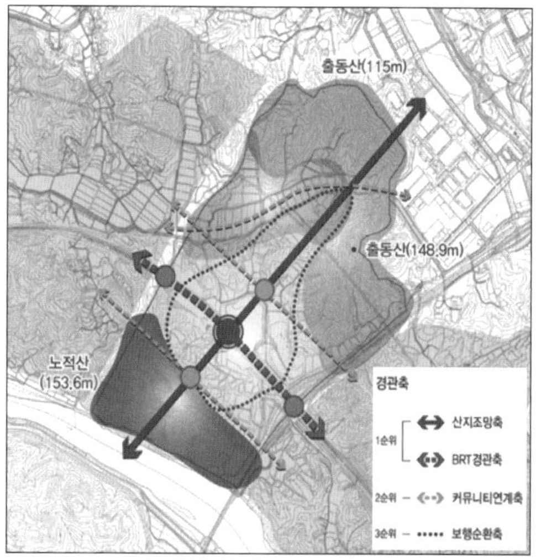

공간계획 시 공원 · 녹지 및 동선 연결축과 함께 고려

<그림-39> 경관 구상(안)

A. 케어팜 권역 (Care Farm Zone)

- 행복도시의 특성을 고려한 의료 중심의 주거특화
- 복지시설이나 의료기관을 통한 활동장소 제공

B. 보행중심 권역 (Walkable Community Zone)

- 소셜 인프라스트럭처를 중심으로 한 지구 전체의 커뮤니티 활성화
- 생활가로 및 소규모 블럭을 통한 보행 중심의 커뮤니티 활성

C. 헬스케어 권역 (Health Care Zone)

- 5-1생활권과 연계되는 헬스케어 중심의 프로그램 조성

D. 완충전이공간 (Transition)

- A와 B zone의 기능적 완충 및 전이
- 5-1生, 5-3生의 효율적 간선 연계
- 외곽순환도로 소음 완충 공간

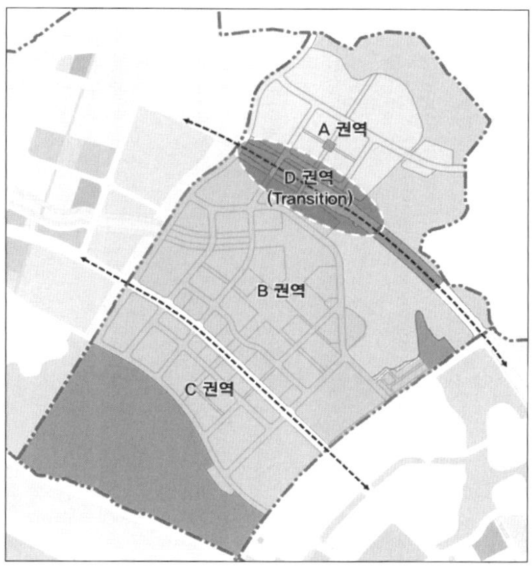

<그림-40> 권역 설정

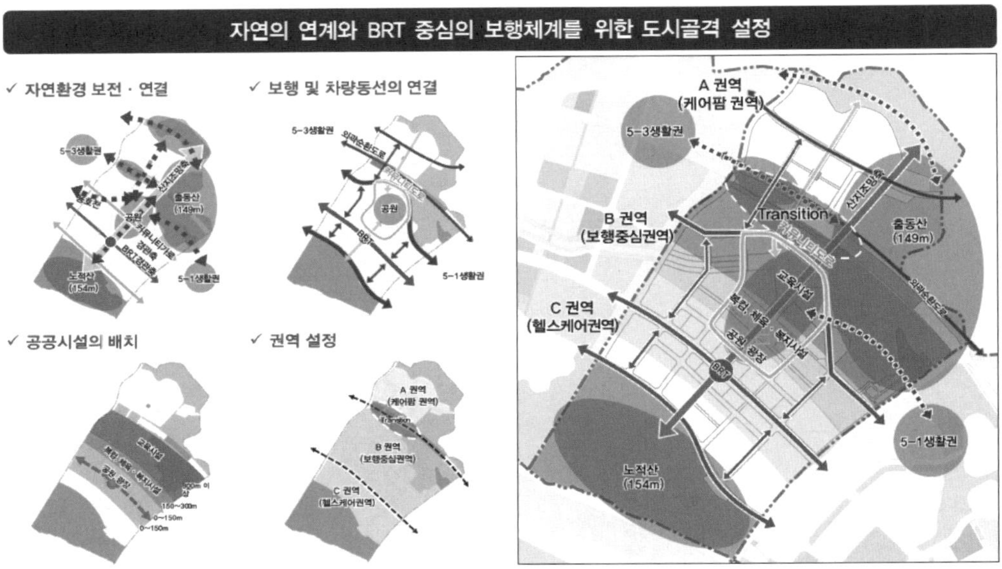

<그림-41> 도시의 골격 설정

3.2 도시구조 설정

개념설계과정에서 5-2생활권의 주요 도시기능으로 "건강"이 제안되었으며 이를 구현하기 위해서는 "보행" 중심의 도시가 될 수 있도록 "보행 친화 도시구조"를 설정하고자 하였다.

착수보고(2020. 3. 5)까지 "건강한 도시"를 계획하기 위하여 보행이 활성화된 Block, Public Open Space, Walkable Street Pattern, Active Frontage 등을 검토 과제로 설정하였다. 제9차 MP 회의시 보행을 고려한 도시구조, 각 용도에 적합한 도시구조, 현황(지형)에 걸맞은 도시구조 검토를 통해 도시구조를 제시하였다. 현장답사(2020. 5. 14) 이후 보행 중심 도시에 적합한 보행 연결 체계(보행자 전용 or 보차 혼용)에 대해 논의하였으며, 보행 중심 도시에 적합한 중규모 Block에 공공보행통로 or 소규모 Block, 소규모 Block의 배치 범위 등 Block 형태에 대해 논의하였다. 보행동선이 모이는 중심부 학교와 공원 등 공공시설이 모여있는 보행 전용의 School Park도 도입하기로 하였다.

중간보고(2020. 9. 2)까지 보행 친화 권역 및 블록 규모 검토, 보행 친화 가로 검토, 보행 친화를 위한 차량수요관리 방안을 검토하였으며 보행동선의 중심 결절부에 공원, 특화주거, 학교 등 공공시설을 포함한 보행 전용의 복합커뮤니티 Zone을 계획하는 등 보행 중심의 도시구조를 설정하였다.

1) Block 형태 및 규모, 주차시스템 검토

● Block의 형태 및 규모

Block의 형태 및 크기에 대한 해외 사례 및 선행 연구 등을 검토한 결과 60~110m×130~150m 규모의 Block 크기가 보행이 활성화되기에 적합한 규모로 분석되었다. 기존 국내에서 사용하고 있는 대규모 Block은 정문 주변 외 가로의 비활성화 문제가 있는데 비해 소규모 Block은 이를 해결하고 다양한 보행 경로 확보 및 가로 활성화가 가능한 대안으로 검토되었으며, 소규모 Block에 의해 조성되는 다양한 가로 중 일부만 차량 출입을 허용하면 차량으로부터 정온한 환경도 조성 가능할 것으로 보았다.

● 주차시스템

보행중심 도시구조 구현을 위하여 보행동선 단절을 최소화하는 방법으로 원거리 주차시스템(Remote Parking), 보행축 및 상권 활성화 지역, 대중교통 결절지역 등에 보행권을 고려한 적정 규모 내에서 주차장법에 따른 부설주차장의 인근 설치 규정 등을 검토하였다.

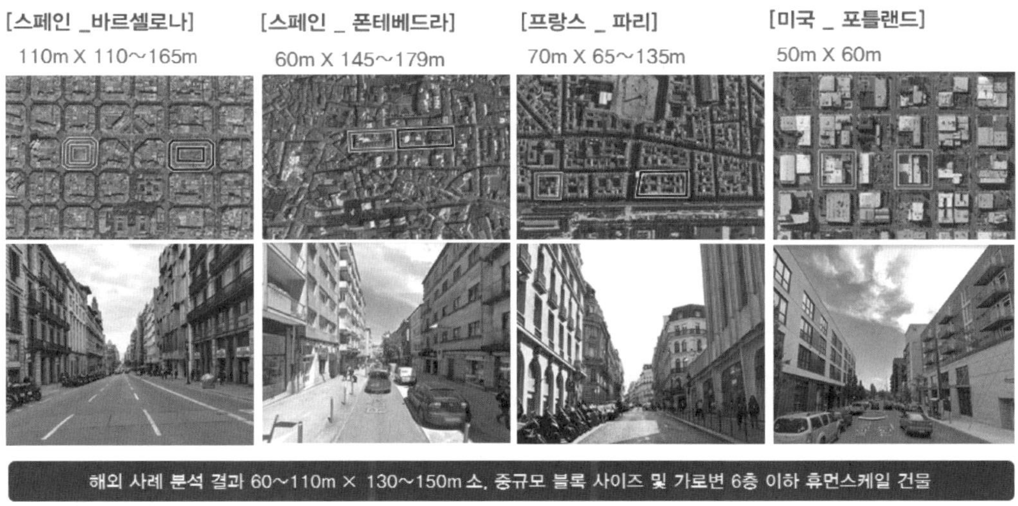

<그림 2-42> 보행친화적 Block 형태 · 규모 사례

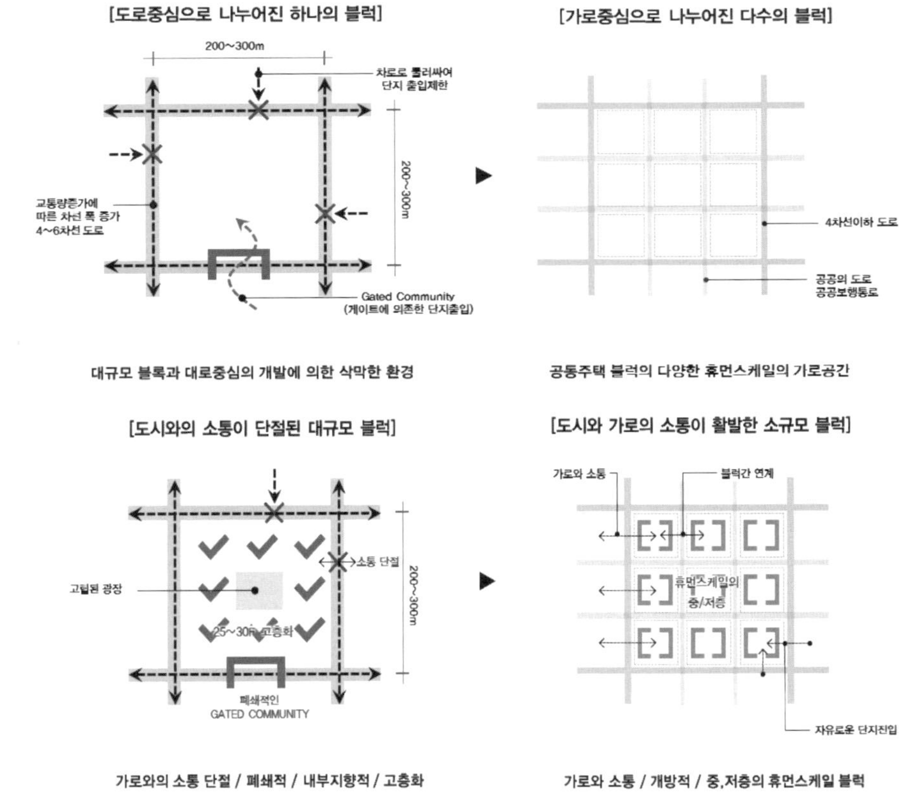

<그림 2-43> 공동주택의 Block 크기

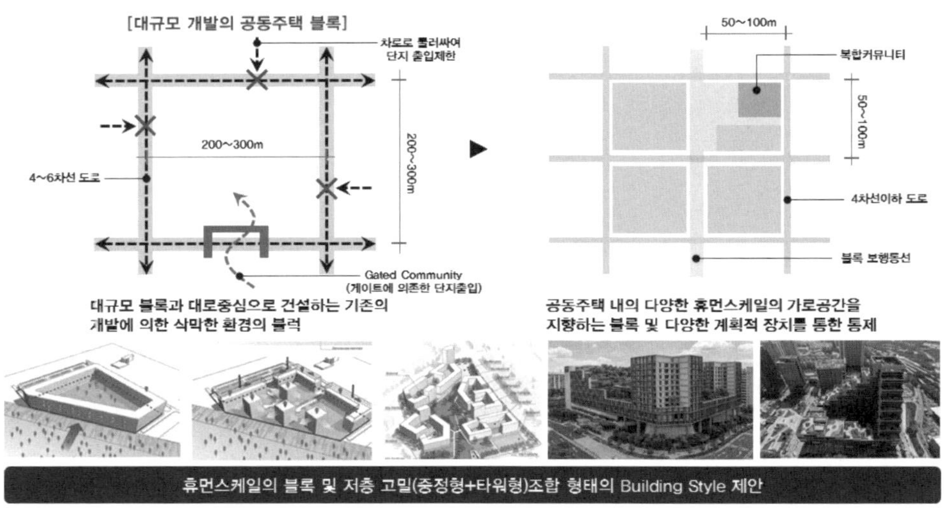

<그림 2-44> 공동주택 다양한 규모의 Block 계획

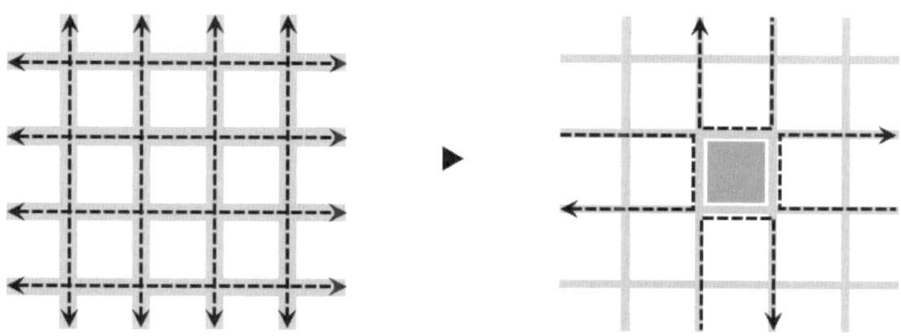

도로(차량)에 둘러싸인 기존 도시의 골격은 거주환경은 배제된 체 기능위주 개발에 의존

도시의 기능을 조절하여 4차선 이하의 도로, 5분이내 보행거리, 정온한 환경의 도시 계획

<그림 2-45> 정온한 환경의 Block

■ 개념 및 특징

구 분	Near Parking	Remote Parking
개 념	• 각 필지마다 주차장을 확보하여 필지까지 차량으로 접근 가능한 방법 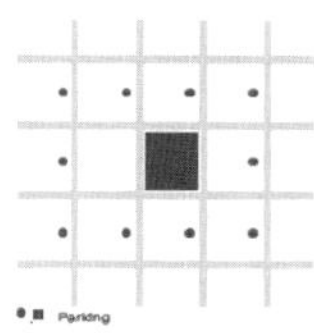	• 일정 지역 외곽에 주차장을 확보하고 당해 지역 내 각 필지까지는 보행으로 이동하는 방법 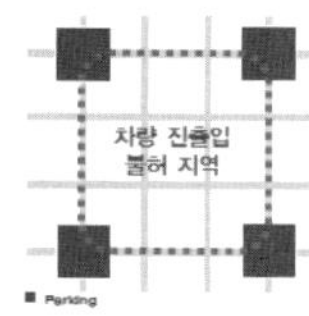
특 징	• 각 필지까지 차량 접근이 가능하여 편리 • 노약자, 장애인 이용이 용이 • 연속된 차량 진 · 출입 구간 발생으로 보행에 불리 • 충분한 주차공간 미확보시 불법 주차 문제 발생	• 교통 안전 및 보행 활성화에 유리 • 노약자, 장애인 이용 불리 • 별도 주차장 부지 확보 및 주민 이용 불편으로 사업성 불리
사 례	• 우리나라 대부분의 지역	• 스페인 폰테베드라 중심부 • 노르웨이 오슬로, 미국 뉴욕, 프랑스 파리 추진중

■ 도입 방안 검토

구 분	Near Parking	Remote Parking
법 령 검 토	• 주차장법 제19조 및 시행령 제6조 부설주차장 설치기준	• 주차장법 제19조 제4항 및 시행령 제7조 부설주차장 인근 설치 (직선거리 300m, 보행 600m내) • 지구단위계획 수립지침 3-2-5 한옥마을, 차 없는 거리를 조성하고자 하는 경우 • 지구단위계획 수립지침 3-6-18 가구 내 대지 밖 주차장 설치
추 세	• 정부 및 지자체는 부설주차장 설치 기준 강화 • 행복도시 BRT 가로 변 근생시설의 경우 주차공간 부족 이면도로의 주차문제로 갈등	• 차 없는 거리 조성 • 공유 주차장
고 려 사 항	• 부설주차장 설치 기준 강화 • 보행축과의 간섭 최소화 • 노인 및 장애인 이용 주거(시설)에 도입 검토	• 보행권을 고려한 적정 규모 설정 • 단지 매력도 제고 필요 • 보행축, 상권 활성화 지역, 대중교통 결절지역 등에 도입 검토

<그림 2-46> 주차시스템 검토(Near Parking / Remote Parking)

Public Open Space는 가용지를 먼저 계획 후 잔여 공간에 계획했던 기존 방법에서 탈피해서 보행 동선, 공공시설, 주택 및 상가 등과 연계하여 접근성 및 활성화를 고려하여 먼저 계획하고자 하였다.

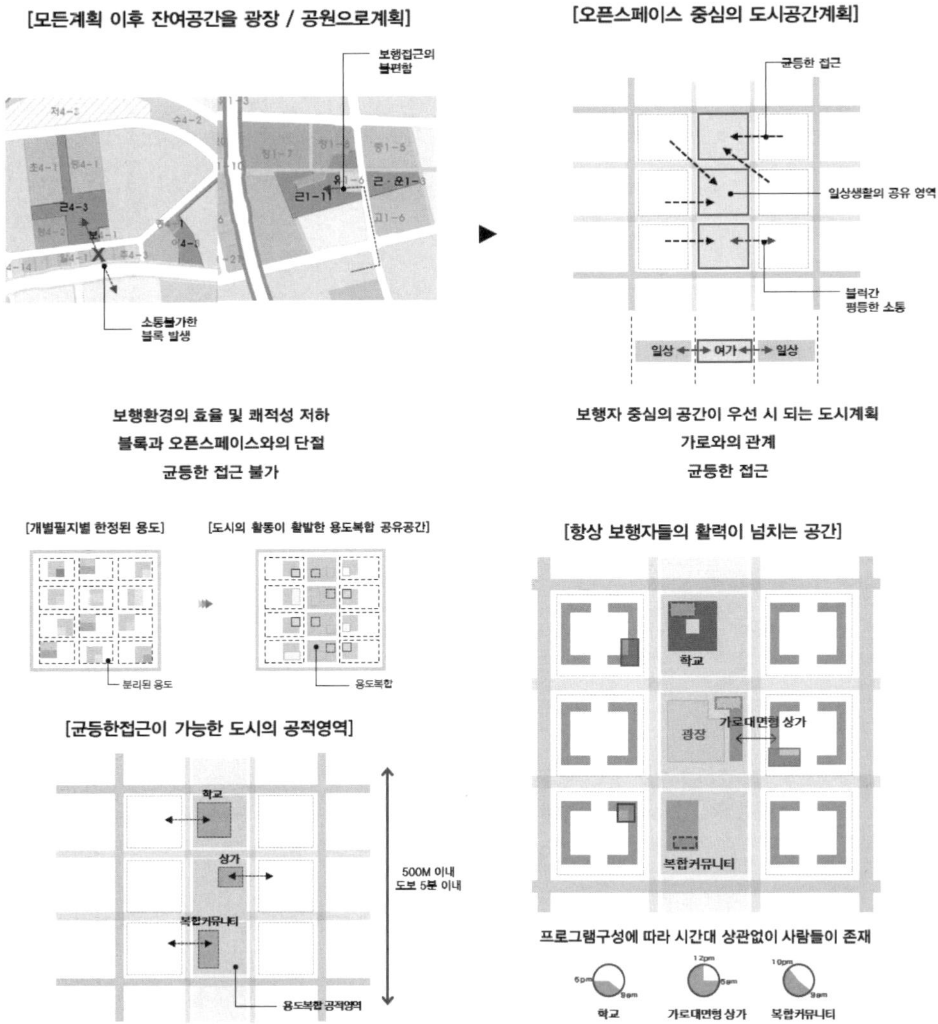

<그림 2-47> Public Open Space

다양한 경로, 좁은 폭원의 걷기 좋은 가로 패턴, 보행자 관점의 다채로운 건축 입면, 보행을 활성화시킬 수 있는 다양한 시설의 배치 등을 고려하여 계획하기로 하였다.

Walkable Street Pattern

[도시와의 소통이 단절된 대규모 블럭]

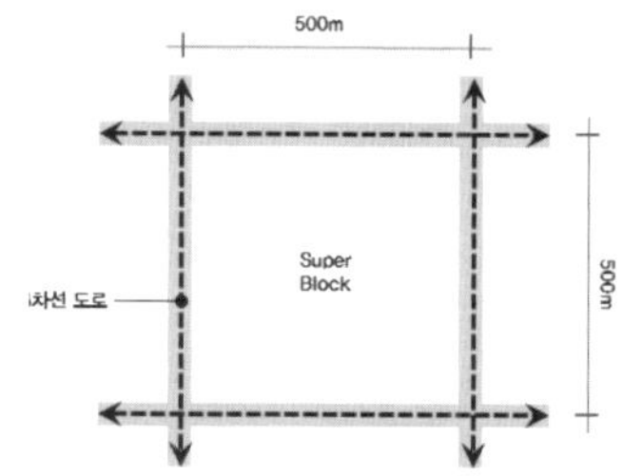

블록사이즈가 커짐에 따라 차선이 넓어지고
교통량 또한 증가되어 차량 위주의 도시 계획

[도시와 가로의 소통이 활발한 소규모 블럭]

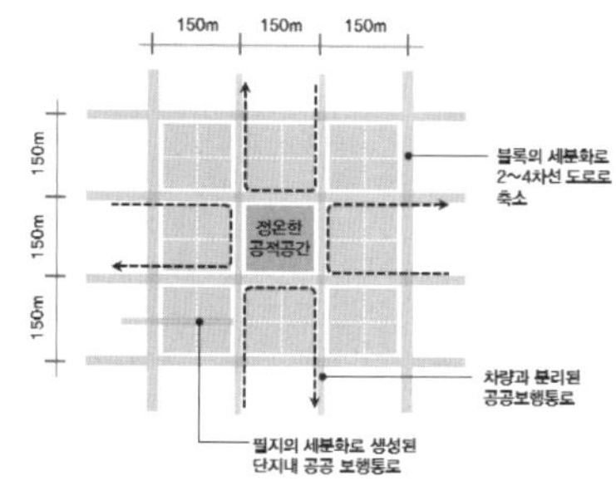

도시의 기능을 조절하여 4차선 이하의 도로,
5분이내 보행거리, 정온한 환경의 도시 계획

Active Frontage

[보행자의 경험밀도를 높이는 저밀 건축계획]

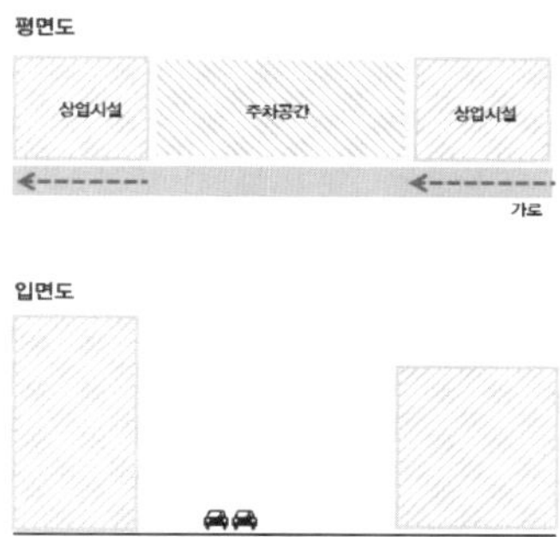

도시의 건폐율은 낮고 용적률이 높은 기존의 단지는
고립된 Open space와 소극적인 도시적 관계

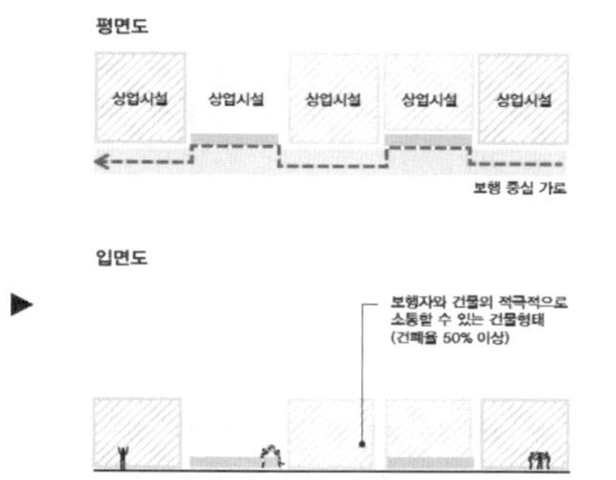

보행자와의 적극적인 소통을 할 수 있도록 가로와 건물의 접촉면을
넓히고 형태에 의한 다양한 Openspace를 계획

[휴먼스케일의 보행자 중심 가로경관]

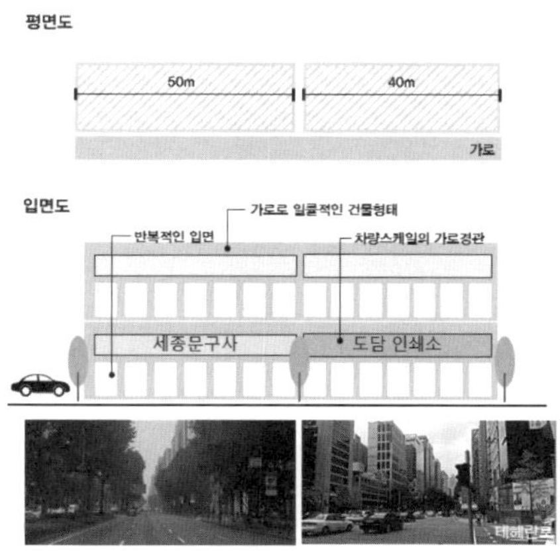

차량 속도에 의한 가로경관은 차량 스케일의 계획으로
보행자에게 거부감과 지루한 가로의 느낌

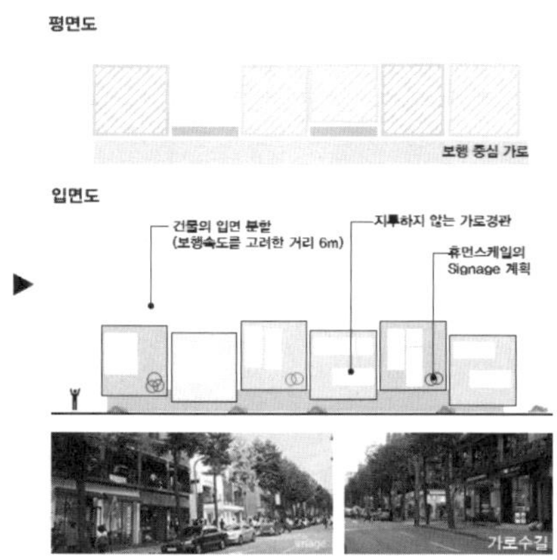

보행자의 이동속도를 고려한 휴먼스케일의 계획으로
보행자에게 쾌적한 환경과 유쾌한 가로의 공간을 제공

2) 보행전용 Zone / 보행 연결체계 / Block 규모

공공공간과 관련하여 School Park 개념을 확장하여 학교 계획 지역에 보행전용 Zone 설정을 제시하였으며, 이후 도시의 골격축이 만나는 BRT 도로 북측에 공원, 학교, 공공시설, 상업 및 특화주거가 복합 배치된 보행전용 Zone을 계획했다.

보행 관련 선행자료 및 법령 등을 검토하여 보행 중심의 생활권 규모(반경 400m 내외), 중규모 블록(200m~400m)과 소규모 블록(130m×80m)의 장단점을 분석하여 보행 친화 Block 규모(130m×80m)를 제안하였다. 중규모 블록은 공동주택 및 의료시설 등 대형 필지에, 소규모 블록은 상업 및 용도혼합부지 등에 적용하는 방안도 도출하였다. 이후 지형 여건을 고려하여 보행 활성화를 위한 경사(BRT 변 2% 내, 그 외 4% 내) 계획을 위하여 소규모 Block 배치 범위 제안(BRT 도로에서 280m까지) 현황(지형)에 적합한 도시구조를 구상하였다.

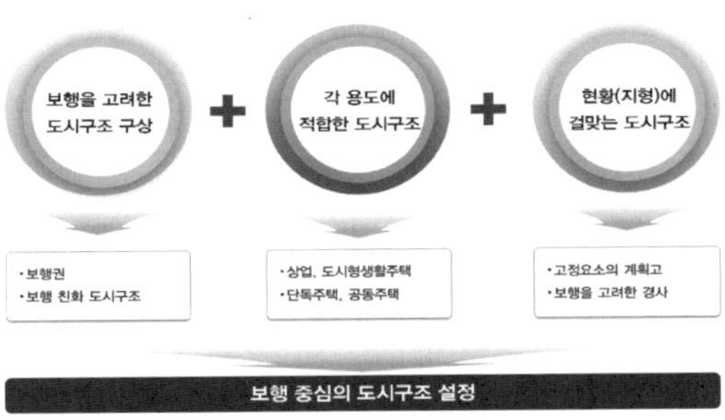

도시구조 계획 기본 방향

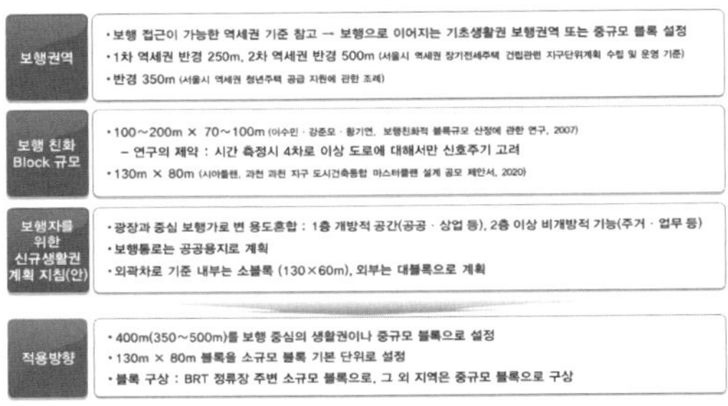

보행을 고려한 도시구조 구상

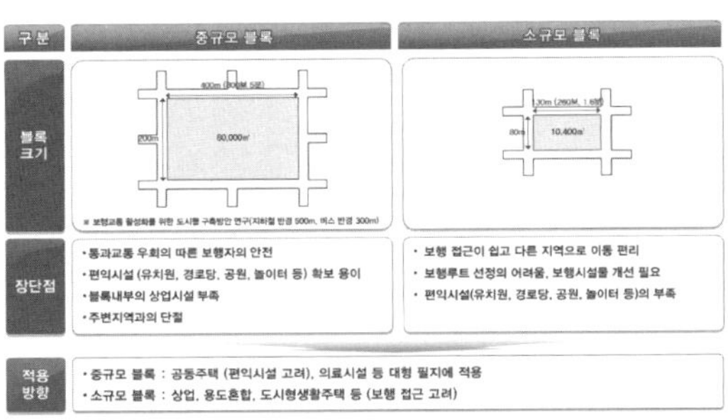

각 용도에 적합한 도시구조

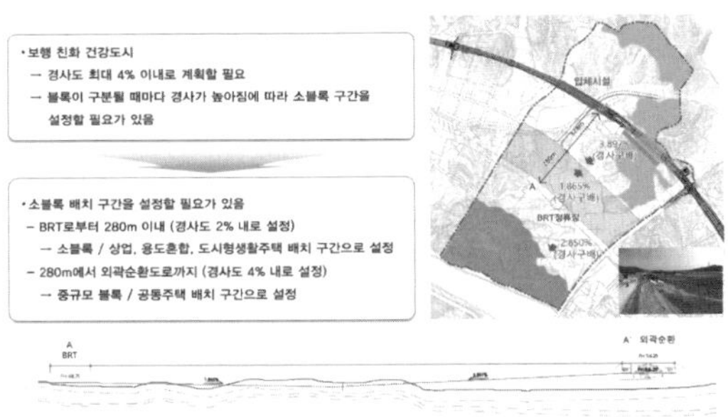

현황(지형)에 적합한 도시구조

<그림 2-48> 제9차 MP 회의(2020. 4. 23)시 도시구조 계획 제안

보행자 전용과 보차혼용 중 바람직한 방향은 어떤 것인가? 라는 보행 연결 체계에 대해 논의하였는데 의견 1)은 보행자의 통행과 안전을 위해 주 보행 동선은 보차 분리가 바람직하나 위치의 제한성, 차량 억제의 한계성, 높은 비용 문제 등의 이유로 보행 동선은 사람 중심의 보차혼용 체계 도입이 필요하다고 하였다. 의견 2)는 유동 인구 저감 시 보행자 전용 보행축의 공동화 우려로 적정 보차혼용과 중심시설 및 커뮤니티 기능을 연접하여 활성화하는 것이 바람직하다는 의견이 제시되었다.

대상지에서의 바람직한 보행 연결 동선은 어떤 것인가? 라는 보행 동선 연결계획에 대해 논의를 하였는데 의견 1)은 보행 동선은 노적산 ~ BRT 정류장 ~ 중앙 보행 Zone ~ 외곽순환도로 상부로 이어지는 보행축, 의견 2)는 노적산 ~ BRT 정류장 ~ 중앙 보행 Zone ~ 출동산 축은 산지조망축으로 계획하고 보행 동선은 보행 Zone을 둘러싼 커뮤니티 가로(사람 중심의 보차혼용 동선)를 따라 계획하는 것이 바람직하다는 의견이 제시되었다.

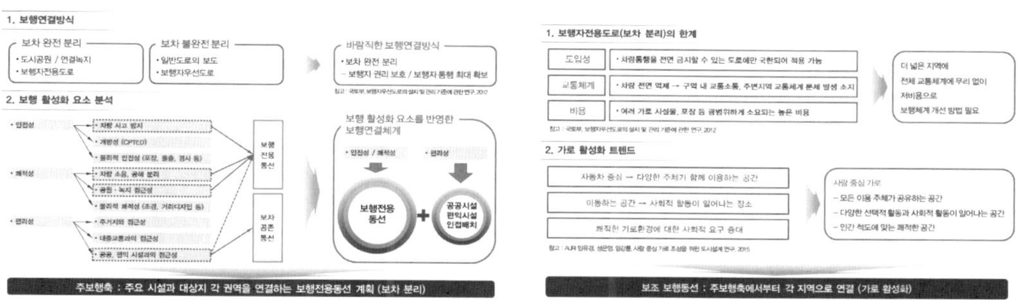

보행연결체계 검토

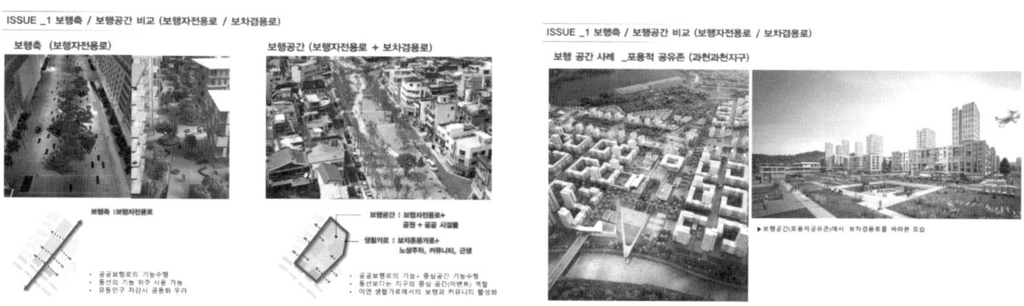

보행축/ 보행공간 비교(보행자전용도로/ 보차겸용도로)

<그림 2-49> 제12차 MP 회의(2020. 5. 21) 논의 사항

보행 동선 체계 설정과 관련하여 여가보행동선은 노적산 ~ BRT 정류장 ~ 보행 전용 Zone ~ 출동산축(산지조망축), 보행 전용 Zone ~ 외곽순환도로 상부(생활보행동선) 보행 전용 Zone을 둘러싼 커뮤니티 가로로 설정하였고, Block의 규모 설정과 관련해서는 중규모 Block은 생활권 외곽 및 공동주택에 사용하고, 소규모 Block은 상업, 용도혼합, 도시형생활주택 및 보행 전용 Zone 등에 적용하기로 하였다.

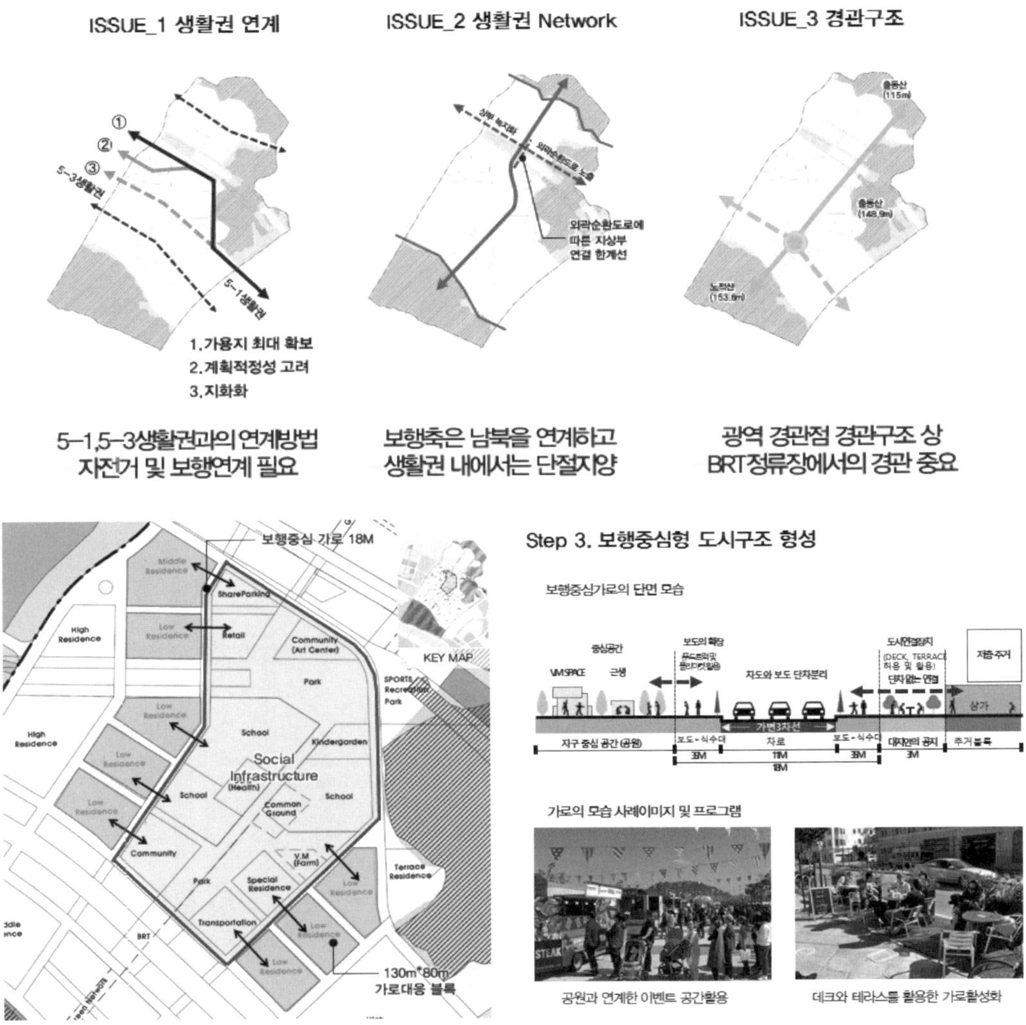

<그림 2-50 > 보행 동선 네트워크 설정(제15차 MP회의 2020. 6. 25)

구분	중규모 블록	소규모 블록
블록 크기	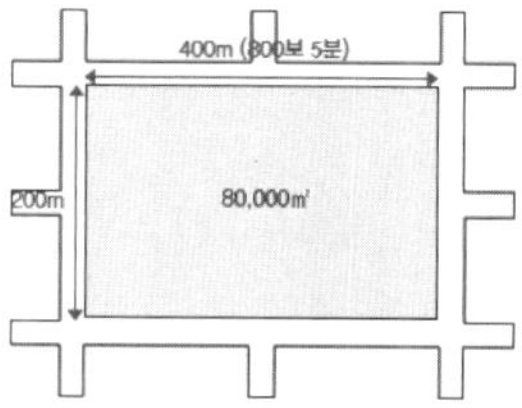 ※ 보행교통 활성화를 위한 도시형 구축방안 연구(지하철 반경 500m, 버스 반경 300m)	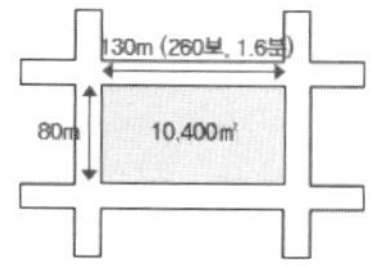
장단점	• 단지 내 보행자의 안전 • 편익시설 (유치원, 경로당, 공원, 놀이터 등) 확보 용이 • 주변지역과의 단절	• 보행 접근이 쉽고 다른 지역으로 이동 편리 • 편익시설(유치원, 경로당, 공원, 놀이터 등) 확보 불리 • 주변지역과 소통, 개방적 구조
적용 방향	• 중규모 블록 : 생활권 외곽 공동주택에 적용 • 소규모 블록 : 상업, 용도혼합, 도시형생활주택, 보행 친화 및 가로 활성화 지역 등에 적용	

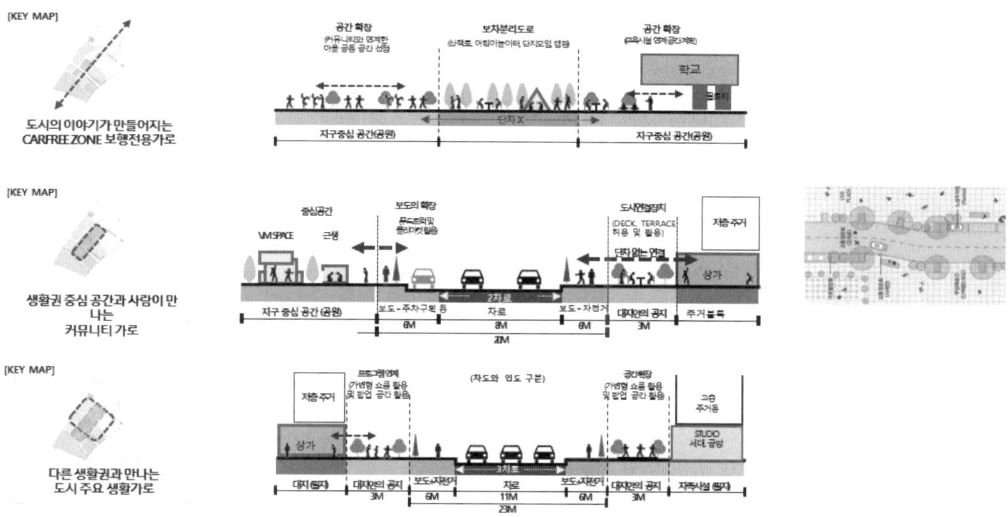

<그림 2-51> Block 규모 설정 및 보행자 중심의 가로체계(제17차 MP회의)

3) 주차 시스템 검토

● Remote Parking

Remote Parking 도입 사유는 보행 동선의 단절을 최소화 시키는 것 외에도 첨두시간대가 상이한 여러 시설물의 공동 이용 등 주차 이용 효율성 측면에서도 바람직할 것으로 판단하였다. 주차장법 및 세종시 주차장 조례에 따라 부설 주차장의 인근 설치, 부설주차장 설치 의무 면제 등의 방법으로 Remote Parking 가능성을 살펴보았다.

Remote Parking 사례

- 주차시설 공동이용은 주차수요의 첨두시간대가 상이한 여러 개의 용도시설물들이 하나의 주차장을 공동이용

개발사례

	 미국(로스앤젤레스)	 미국(몽고메리)	 미국(포틀랜드)	 일본(신주쿠)	 국내(서울)
시행주체	• 지자체	• 지자체	• 지자체 + 민간(건축주)	• 민간(건축주)	• 지자체
시행방법	• 주차수요 피크시간대가 각기 다른 건축물들이 근접, 주차 공동 이용 허용 (반경 140m)	• 지역주차장과 공공시설 내 주차를 공유 (관할기관은 주차시설로 얻은 수익금으로 공공시설 운영관리) • 건물의 주요 출입구와 공유 주차시설의 거리가 152m이내 위치	• 다양한 형태로 주차시설 공동이용 (극장, 업무시설, 교회, 학교, 음식점, 은행, 주거지) • 축제기간, 특별한 행사시 교회, 병원, 대학, 업체 주차장 이용 (축제장소와 주차장 사이 무료 셔틀 버스 운행)	• 신축건물에 전용주차장을 설치하지 않고 주변 주차장 공동이용 (대중교통으로 이용자 유도)	• 거주자 우선주차제 시행 • 공원, 학교, 운동장, 지하 등 공공용지를 활용한 주차장 건설 • 부설주차장 개방에 따른 인센티브 지원 • 주차문화시범지구 조성사업 • 전 노상주차장 유료화 • 부설주차장 야간개방 • 민간부문 주차장 건설 추진
기대효과	• 주차장 설치 관련 비용 절감 측면에서 주민들 호응도 높음	• 지역개발자는 신규 주차장 건설 유지비용 절약	• 실제적 주차면수 획기적 축소 가능	• 다양한 세금해택 (참여 건축주 증대)	• 도심내 주차난 해소

시 사 점

- 주차시설에 대한 중복투자 방지, 주차장 신규건설 및 유지비용 절약, 기존 주차장 효율성의 증진 (주차면수 감소효과)
- 다른 시설물과 인접해 있어야 주차수요 시간대 공동이용가능

Remote Parking 관계 법령 검토

- Remote Parking 구현을 위해 당해 필지 외부 부설주차장의 설치 가능성에 대한 법적 검토

구분	부설주차장의 인근 설치	부설주차장 설치 의무 면제
개념	• 일정 규모 이하의 경우 당해 부지 인근에 단독 또는 공동으로 부설주차장을 설치할 수 있음	• 시설물의 위치, 용도, 규모 등이 일정 기준에 해당하여 지자체장이 인정하는 경우 주차장 설치 비용을 납부하는 것으로 부설주차장 설치를 갈음
근거	• 주차장법 제19조 제4항 및 영 제7조	• 주차장법 제19조 제5항 및 영 제8조
주요 내용	• 규모 : 주차대수 300대 규모 이하, 단 아래 경우 주차장법에 따른 주차대수 – 차량통행이 금지된 장소(도로교통법 제6조) – 통로로 연결된 대지에 설치하는 경우 – 폭 12m 이하인 도로 맞은편 토지에 설치하는 경우 등 • 범위 : 직선거리 300m, 보행거리 600m 이내	• 위치 – 차량통행이 금지된 장소(도로교통법 제6조) 또는 주변 토지이용 상황 고려 부설주차장 설치 곤란 시설 – 도심지 등 간선도로변에 위치해 교통혼잡가중 우려 시설 • 용도 :1만㎡ 이상 판매시설 등에 해당하지 않는 경우 등 • 부설주차장 규모 : 주차대수 300대 이하
적용 과제	• Remote Parking 구현을 위해서는 당해 구역 필지를 분양받은 토지소유자끼리 부설주차장을 공동으로 조성, 운영, 관리하는 유도 방법 모색 필요	• 자자체(공공)가 납부된 비용으로 주차장을 설치하는 방법으로 Remote Parking 구현에 유리하나, 세종시장 및 지방경찰청장(도로교통법 제6조)과 협의 필요

현행법 상 도입 가능하나, 적용 기준이 까다롭고 공동 분양 사업모델 개발 필요

행정중심복합도시 내 주상복합 건축물의 부설 주차 대수 및 주차전용건축물의 주차 대수 등을 검토한 결과 주차장 용지/주상복합 용지 비율은 1.8로 도출되었고, 부설주차장이 없는 주상 복합용지 4개 필지와 주상 복합용지의 부설주차장을 포함한 주차장 용지 1개 필지로 이루어진 소규모 Block(130×80m)을 활용한 시뮬레이션 모델을 검토하였다.

Remote Parking 모델 설정

주상복합 연면적 산정

구분	부지면적(m²)	건폐율(%)	층수(층)	연면적(m²)
주상복합	2,000	70	6	8,400

※ 세종시 BRT변 상업용지 필지의 평균

필지당 주차수요 산정

구분	층	연면적(m²)	주차원단위	주차대수(대)
주상복합	1, 2층 근생	2,800	1대/100m²	28
	3~6층 도시형생활주택	5,600	0.9대/55m²	92
소계		8,400	-	120

※ 주차장 원단위 : 세종시 주차장 조례 별표3, 전용면적 0.9대/30m² 적용시, 분양면적 55m² 적용

주상복합 주차확보 비율 산정

구분	부지면적 (m²)	건폐율 (%)	층수 (층)	주차장 비율 (%)	1대 확보 기준 (m²/대)	주차 가능대수	주차장용지/상업필지면적(1개소)
주차전용 건축물	2,000[주1)]	80	6	80[주2)]	36[주3)]	213	1.8

주1) 세종시 주차장 면적 평균

주2) 주차장 비율(%) : 전체 – 근생비율(20%)

주3) 1대 확보기준 : 행복도시내 주차전용건축물 사례 평균

〈 Remote Parking Module 〉

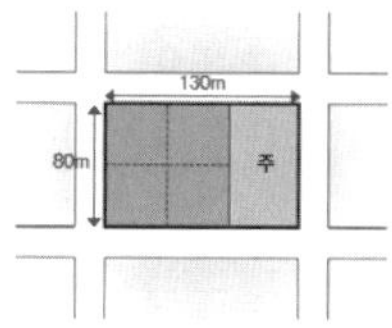

〈 Module 적용시 〉

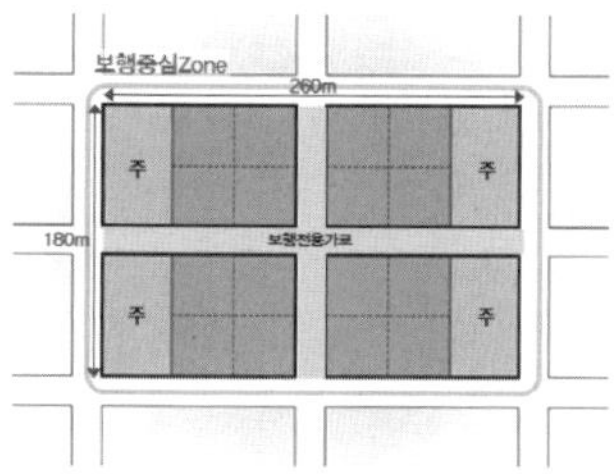

Remote Parking 도입 사유는 단순한 보행 동선 단절의 최소화에서 주차 패러다임 변화에 따른 수요관리, 주차공간 공유를 통한 효율성 및 이용 편의 증대 등으로 확장하였다. 보행전용 Zone에 공공 주도 용도 혼합형, 소규모 Block에 통합 설계형, BRT 도로 가로변 구간에 부설주차장 인근 설치형, BRT 도로 남측의 환승주차장 활용형 등 5-2생활권에 적용 가능한 유형을 제안하였다.

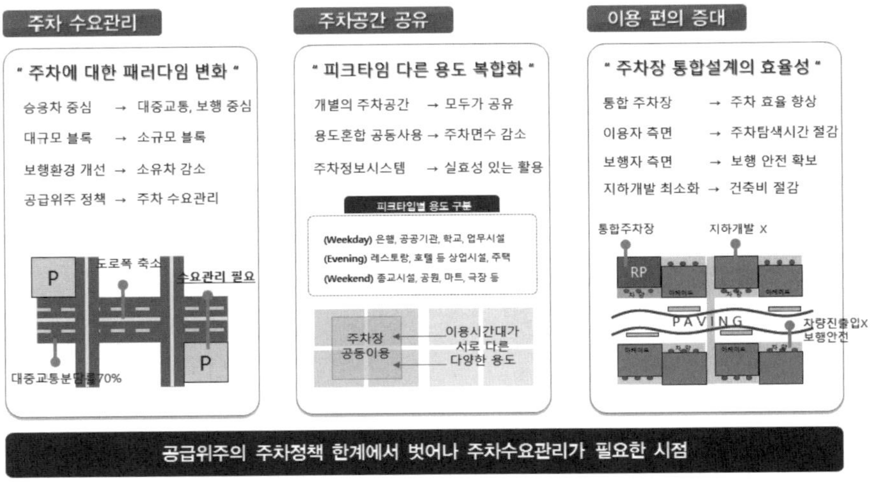

<그림 2-52> Sharing 기반의 Remote Parking

<그림 2-53> 5-2생활권 적용 유형

계획의 기븐방향은 보행 친화 권역 및 블록의 규모 검토, 보행 친화 가로 검토, 보행 친화를 위한 차량 수요관리 검토를 통하여 도시구조를 설정하는 것으로 하였고 휴먼스케일의 블록 크기와 커뮤니티 가로 계획을 통한 보행중심 도시구조를 계획하였다.

그러나 가로벽 Remote Parking 시뮬레이션 결과 주상복합용지 부설주차장을 포함한 주차장 면적이 가용지 중 49.3%를 차지하여 효용성이 매우 떨어지는 것으로 나타나, 가로벽 부지의 합필 또는 부설주차장 통합 이용 등으로 주차장 출입구를 최소화하여 커뮤니티 가로의 보행 단절을 최소화하는 방향으로 결정하였다.

<그림 2-54> 가로벽 Remote Parking 검토

소규모 블록의 경우 보행 동선의 다양화 및 활성화를 위한 가로 대응형 건축물의 배치 기조는 유지하되 공동주택의 부대 · 복리시설 및 주차장 설치 · 운영 등을 고려 중규모 블록 면적이 되도록 계획을 수정하였다.

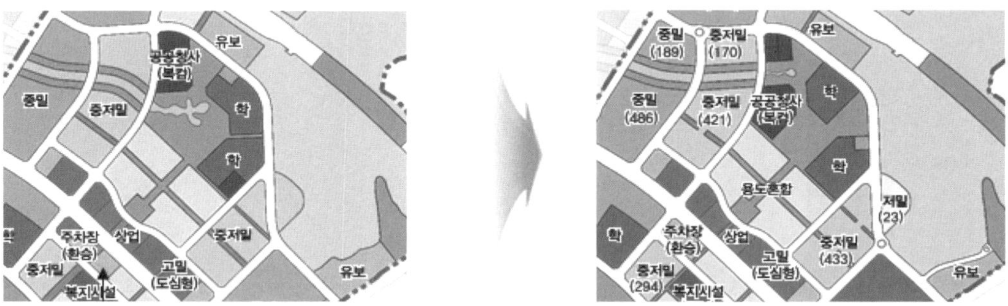

<그림 2-55> 소규모 블록의 변경(보행자전용도로 분절)

보행 중심의 복합커뮤니티 Zone, 가로대응형 블록, 커뮤니티 가로의 계획 내용과 그에 따른 다양한 보행 경로를 선택하여 보행을 통한 즐거움이 나타나도록 보행친화 가로체계를 설정하였다.

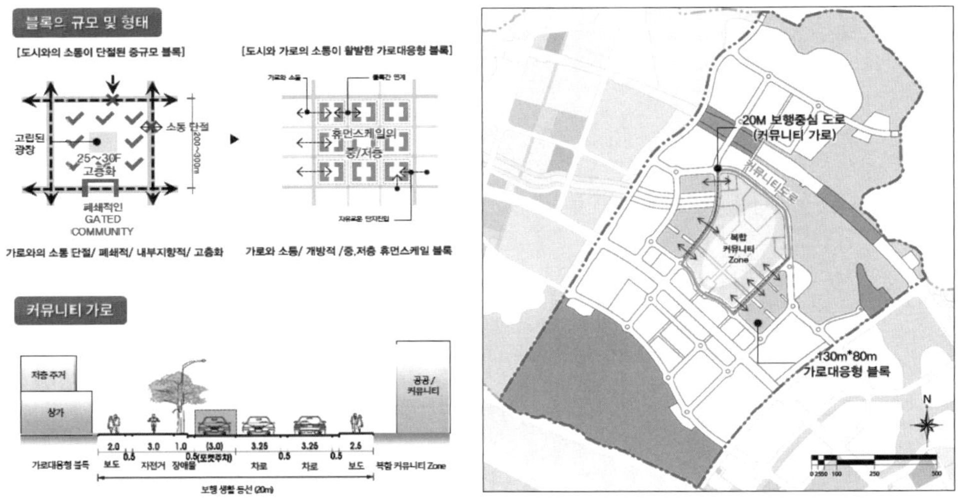

<그림 2-56> 휴먼 스케일의 블록과 커뮤니티 가로를 통한 보행 중심 도시구조 계획

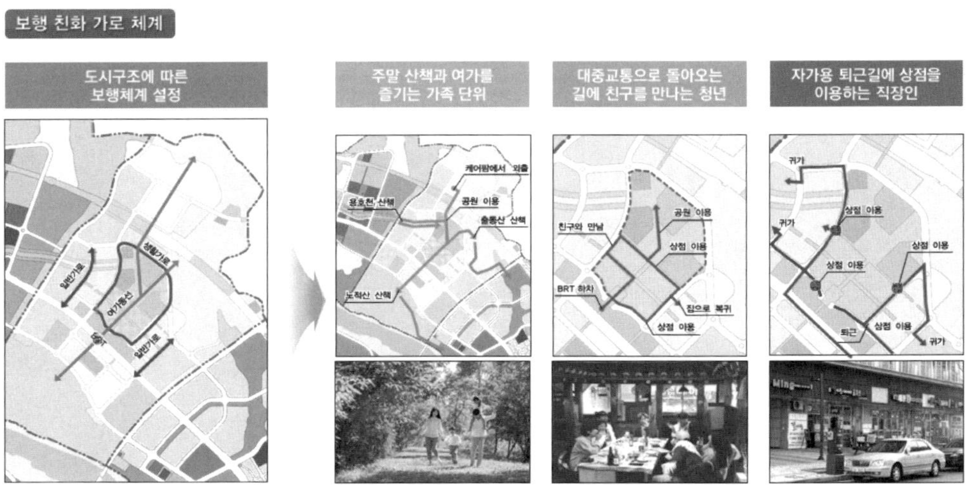

<그림 2-57> 다양한 경로의 선택으로 보행의 즐거움을 주는 가로

3.3 토지이용설계 구상(안)

그간 검토된 도시골격 및 도시구조를 반영한 토지이용계획(안)이 제9차 MP 회의시 제안되었으며, 제10차 MP 회의시 기존에 제안된 토지이용계획(안)에 바람길을 반영한 대안이 제시되었다.

현장답사(2020. 5. 14) 이후 산지 조망축을 중시하는 계획안과 외곽순환도로 상부로 연결되는 보행 동선을 중시하는 계획안 두 가지 계획안에 대한 논의가 진행되었으며 산지조망축, 보행 전용 Zone, 보행 전용 동선(BRT 정류장~외곽순환도로 상부)을 고려가 토지이용계획의 기본방향으로 설정되었다.

● 제9차 및 제10차 MP 회의(2020. 4. 23, 2020. 5. 7)

제9차 MP 회의(2020. 4. 23)에서 그간 검토된 도시의 골격 및 보행중심 도시구조를 고려하여 5개의 토지이용계획 스케치(안)이 제시되었고, 제시된 스케치(안) 중 2가지 계획안을 선정하여 발전시키기로 하였다. 1안은 BRT 정류장 ~ 외곽순환도로 상부의 보행 전용 동선을 강조한 계획안, 2안은 BRT 정류장 ~ 출동산의 자연환경(보행)축 및 School Park 개념을 강조한 계획안이다.

제10차 MP 회의(2020. 5. 7)에서는 보행전용 School Park 및 주변 소규모 블록 계획이 발전된 스케치(안)에 대한 작업이 이루어졌다.

● 제12차 MP 회의(2020. 5. 21)

지금까지 논의된 두 가지 계획(안)과 관련하여 보행전용 Zone(School Park 발전 개념) 계획과 보행친화 소규모 블록과 커뮤니티 가로를 적극 배치하는 발전안이 제시되었고, 현장답사(2020. 5. 14) 이후 대안에 BRT 정류장에서 외곽순환도로 상부로 이어지는 보행 동선, BRT 정류장에서 출동산을 바라보는 산지조망축이 우선 고려하여야 할 사항으로 설정되어 활발한 논의가 이루어졌다.

이 과정에서는 참여자 전원이 2가지 대안에 관한 도면을 걸어놓은 보드 앞에 나가 자유롭게 의견을 개진하였으며 각각의 장점 및 단점들에 대한 충분한 논의가 이루어졌다. 이와 같은 방법은 참여하고 있는 다양한 분야의 전문가들의 의견을 경청할 수 있는 기회가 되었을 뿐만 아니라, 스스로 개발계획을 수립하는 주체임을 인지할 수 있어 팀워크를 향상시킬 수 있는 좋은 계기가 되었다.

제9차 MP 회의 토지이용계획 스케치(안)

보행 전용 동선 강조 스케치(안)

자연환경(보행)축 강조 스케치(안)

제10차 MP 회의 토지이용계획 스케치(안)

<그림 2-58> 9차 및 10차 MP회의시 논의된 토지이용계획 대안

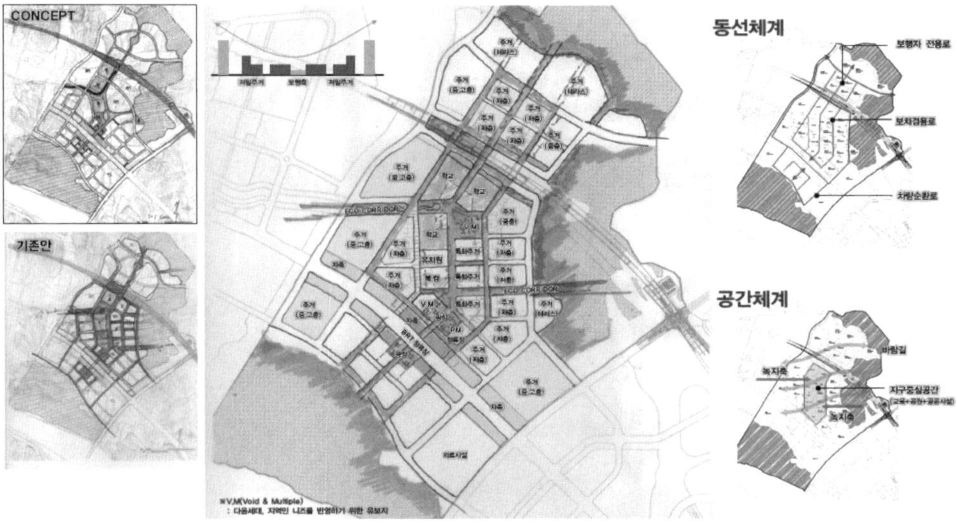

보행 동선을 강조한 스케치(안)

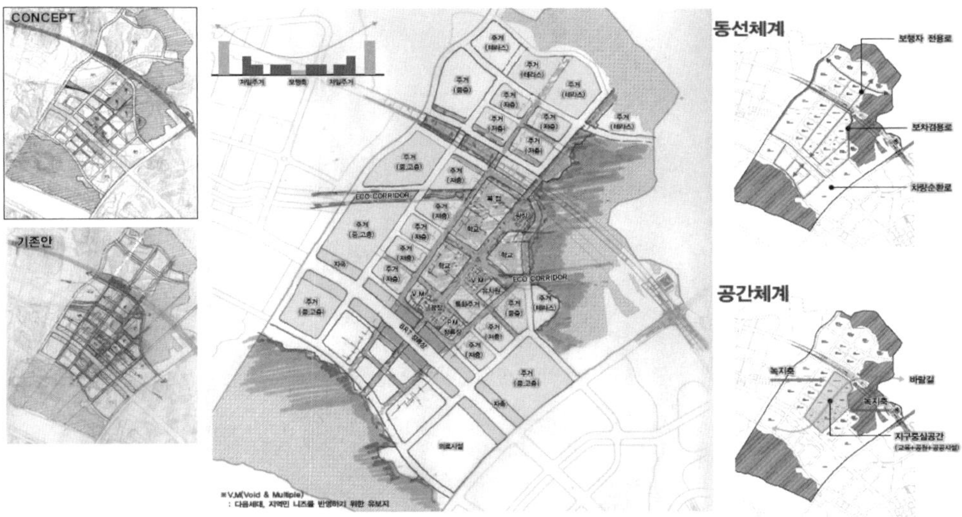

산지조망축을 강조한 스케치(안)

<그림 2-59> 5-2생활권 적용 유형

● 제15차 MP 회의(2020. 6. 25)

지금까지 논의된 두 가지 대안을 가지고 보행 동선은 여가 동선(보행 전용 Zone ~ 외곽순환도로 상부)과 생활 동선(보행 전용 Zone을 둘러싸는 보차 혼용)으로 계획하고 보행전용 Zone은 공원, 학교, 공공청사, 상업 · 커뮤니티시설을 포함한 특화주거가 복합된 복합커뮤니티 Zone으로 계획(통합 개발 목표)하는 통합안을 만들었다. 이 과정에서 대상지를 중심으로 5-1 생활권과 5-3생활권으로의 빠른 연결이 필요하다는 행복청 내 자동차 중심도시를 강조하는 담당자의 요청으로 대상지 내부에 지하차도를 검토하는 촌극이 벌어지기도 하였다.

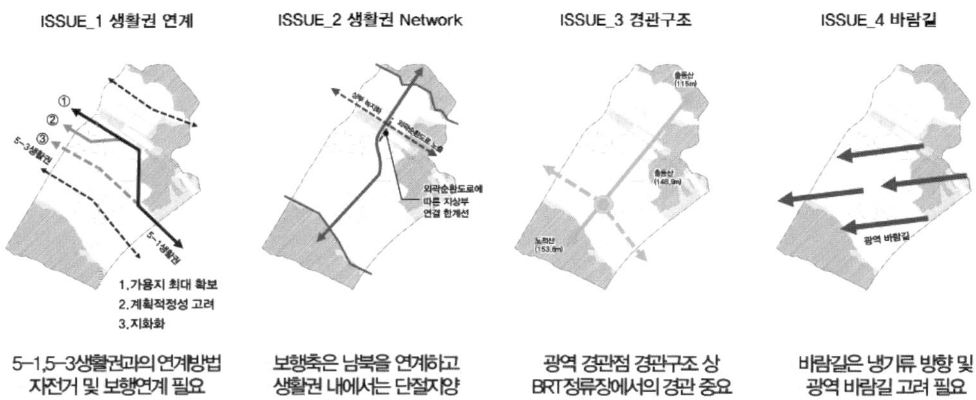

<그림 2-60> 이슈 및 진행방향

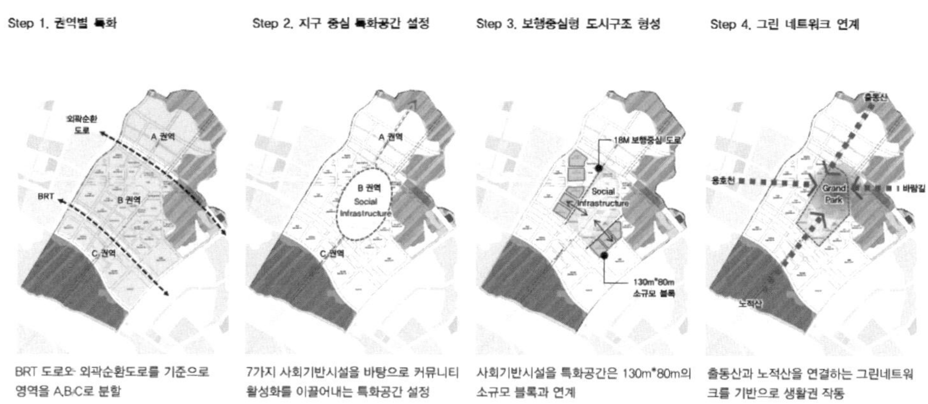

<그림 2-61> 공간구상

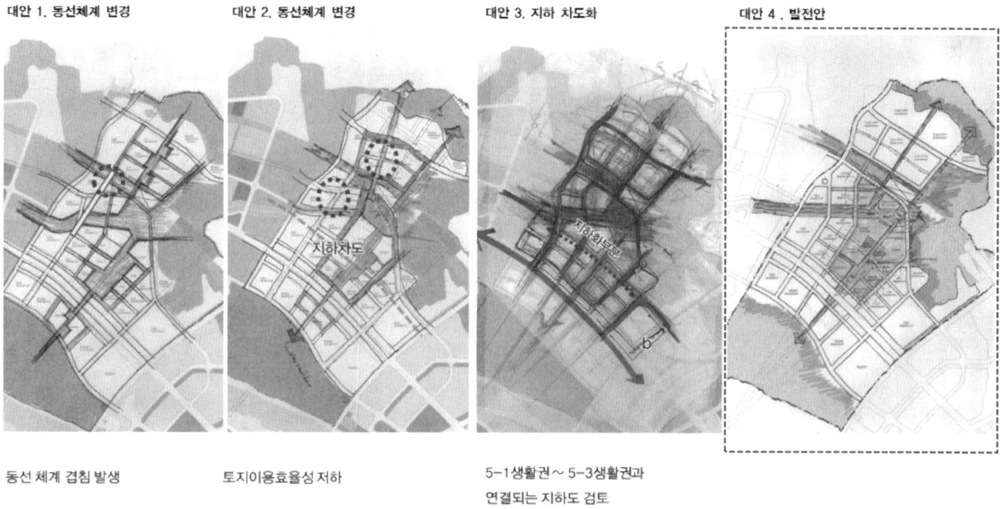

<그림 2-62> 대안검토 과정

04 기본설계(Design Development)

토지이용설계(단지설계)에서 기본설계는 개념설계 내용을 좀 더 명확하게 발전시키거나 구체화하는 과정으로, 각각의 고유한 프로그램 및 대상지에 적용되는 도시설계 이론은 이러한 과정을 안내하기 위한 수많은 경험, 법칙 또는 모범 사례들을 제공해 준다.

대상지에 대한 수평적 그리고 수직적인 공간구조에 대한 시각화된 도면들은 특히 인허가 부서에서의 검토를 위해서 뿐만 아니라 참여 발주자, 컨설턴트 및 이해 관계자와 매우 효율적으로 의사소통 할 수 있도록 마스터플랜, 평면도, 단면도, 입면도, 조감도 또는 모델을 통하여 도시디자이너는 과업에 대한 그들의 아이디어와 최적의 대안을 제안한다.

4.1 복합커뮤니티 Zone

공원 위에 학교+공공시설들을 함께 복합 배치하여 시간 조절에 의해 미사용시설을 지역 주민들이 사용할 수 있도록 하는 School Park 개념을 설정하였다. 제10차 MP 회의(2020. 5. 7)에서 보행 전용 Zone을 계획하였고 보행 동선이 보이는 BRT 도로 북측에 보행 전용 Zone과 공원(자연환경 및 보행 축), 학교, 복컴시설, 공동주택 등을 계획하는 2개의 대안을 가지고 각각 설계를 발전시켰다.

<그림 2-63> 보행 전용 Zone 초기(안)

제12차 MP 회의(2020. 5. 21)에서는 보행 활성화를 위하여 특화주거(상업을 포함한 저층의 가로대응형 공동주택)을 도입하고 보행 전용 Zone의 활성화를 고려하여 외곽에 커뮤니티 가로(보행 중심 보차혼용) 계획을 진행하였다.

<그림 2-64> 보행 전용 Zone 계획발전(안)

제16차 MP 회의(2020. 7. 2)에서는 몇차례 논의되었던 보행 전용 Zone의 배경 및 계획방향 등을 바탕으로 자연환경 축 및 보행 동선의 집결지에 중심지 계획의 필요성 및 공공성, 포용성, 커뮤니티, 코로나 이후 필요기능 등을 고려한 삶의 질 향상 및 공동체 의식 회복을 위해 생활형 SOC 필요성(SOC의 개념 변화 대응)이 계획배경으로 설정되었다. 기능과 역할은 전생애주기 통합 커뮤니티 서비스, 서비스의 공유와 가로 활성화, 유연성 및 회복탄력성, 생활권의 기능적 네트워크와 광역적 연계로 설정하였다. 특화전략 및 사업화방안으로는 MP가 제시한 7대 계획 요소(교육, 교통, 헬스케어, 커뮤니티 지원시설, 공공공간, 스포츠와 레크리에이션, 문화예술 등)를 도입하고 특별계획구역 지정 및 통합설계 공모를 통해 6-4생활권 사례를 참고하여 사업화하기로 하였다.

행복청 중간보고(2020. 9. 2)를 통해 도시골격, 보행 중심 도시구조 및 커뮤니티 강화에 대한 구상 등을 통해 공간계획을 수립하는 것으로 기본방향을 제시하였고 커뮤니티 강화방안 중 하나로 복합 커뮤니티 Zone을 계획하였으며, 기존의 학교와 공원 등 공공시설을 형태적으로 복합화하는 것뿐만 아니라 주거 및 커뮤니티시설까지 기능적으로 복합화하는 것을 구현하는 Platform에 기반한 공간 공유를 시도하였다. 계획방향은 "생활 Infra 복합화를 통한 커뮤니티의 24시간 활성화"로 설정하고 교육 및 공공서비스, 상업, 여가 활동 등이 어우러질 수 있는 공간으로 특별계획구역 지정 및 통합설계 공모를 통해 구체화하는 방안도 제시하였다.

제24차 MP 회의(2020. 10. 15)를 통해 복합 커뮤니티 Zone 계획 방향이 제시되었는데, 도시골격 및 보행 친화 도시구조 계획을 반영해 연결축, 공원 및 광장, 시설의 배치 방향을 설정하였고, 도입기능은 그간 회의를 통하여 논의되어온 7대 특화전략 및 특화주거로 설정하였다. 복합 커뮤니티 Zone 북측과 남측 도로의 연결 기능을 검토하여 북측 도로는 생활권 간 연결 기능, 남측도로는 생활권 내 연결 기능을 수행토록 하였으며 복합 커뮤니티 Zone은 통합설계공모 시 세부계획 수립을 위한 지침으로 활용하고자 하였다.

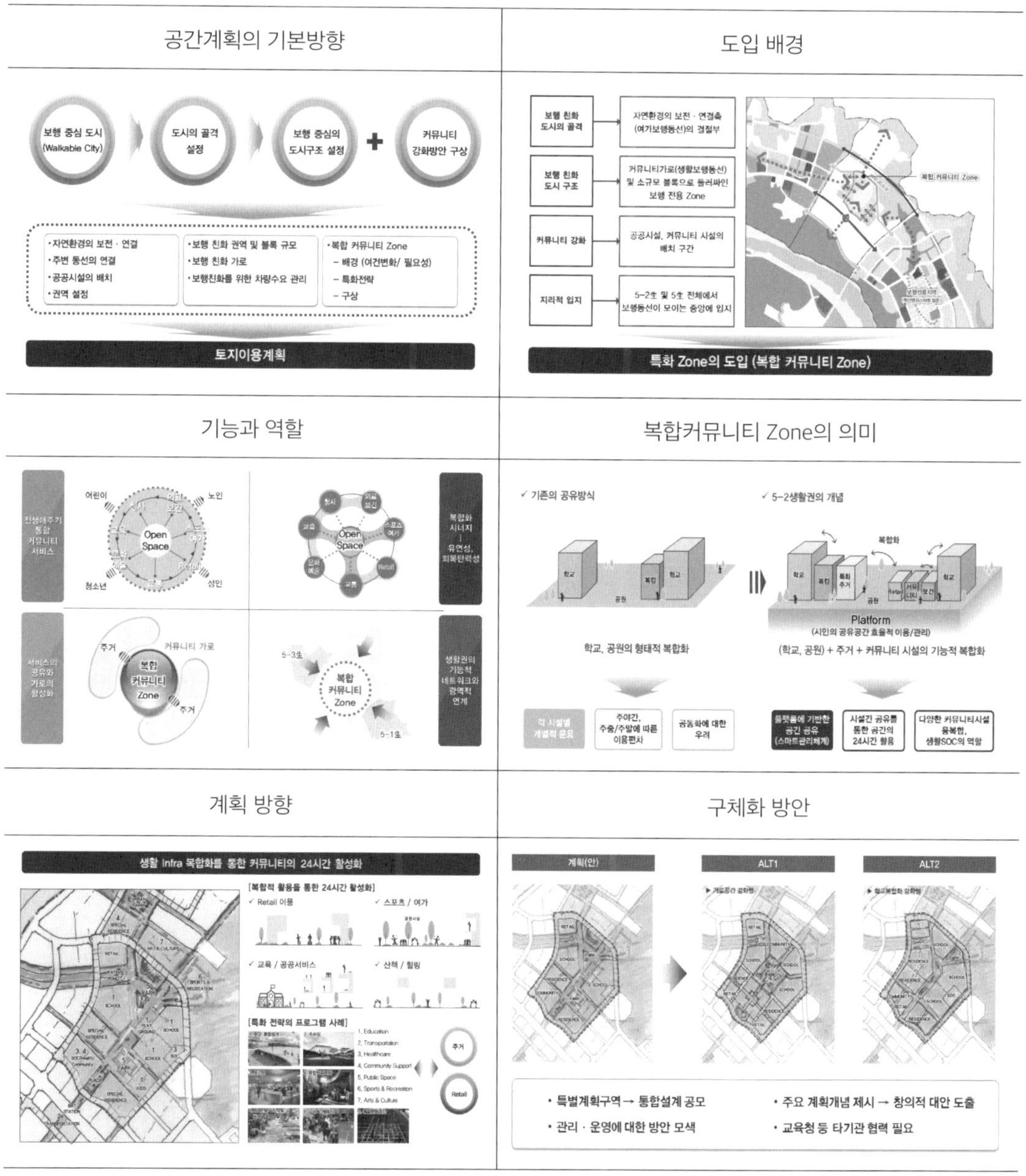

<그림 2-65> 복합 커뮤니티 Zone 계획

도시 골격 및 도시 구조

도시의 골격 및 도시구조

보행 친화 도시의 골격	자연환경의 보전 · 연결축 / (여가보행동선)의 결절부
보행 친화 도시 구조	커뮤니티가로(생활보행동선) 및 소규모 블록으로 둘러싸인 보행 전용 Zone
커뮤니티 강화	공공시설, 커뮤니티 시설의 배치 구간
지리적 입지	5-2生 및 5生 전체에서 보행동선이 모이는 중앙에 입지

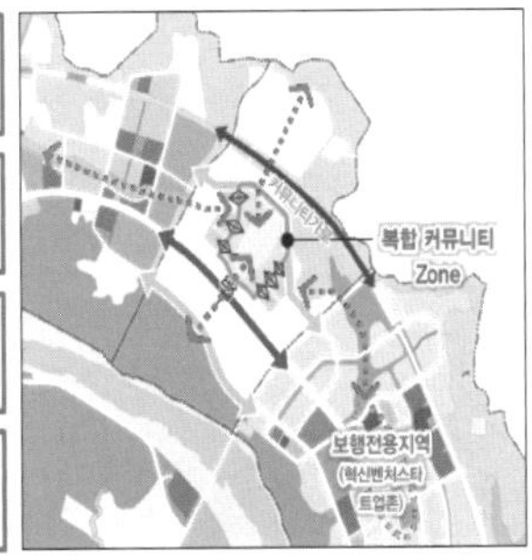

공간 구상

공간 구상

구분	내용	방향
연결축	• 조망축 : BRT ~ 출동산 자락 • 보행축 : BRT 정류장 ~ 외곽도로 상부	조망축에 건축용도 지양 보행축은 보행 전용
공원 광장	• 용호천 자연환경의 연결 및 보행축 – 보행축 결절부	두 보행축이 만나고 용호천이 시작되는 Water Pond 공원
	• 중앙 보행축 굴절 – 출동산 연결축 결절부	사람들이 모이고 활동하고 공유하는 공원
	• BRT 정류장 및 가로벽 구간에서의 진입부	보행이 모이고 흩어지며 생활보행동선과 만나는 광장
시설 배치	• 북측 연결도로 : 생활권 간 원활한 차량 통행 고려	북측 도로 변 차량 진출입부, 학교 및 Drop Zone 지양
	• 복합커뮤니티시설 – 주민센터, 아동 · 노인복지시설, 복합문화시설, 119안전센터, 순찰지구대, 6급우체국 (10,100㎡)	상위계획(개발계획) 내용 준수 시설별 복합화 가능 시설 선별 및 스터디
도입 기능	• 7대 특화전략 + 주거 및 Retail – Education/ Transportation/ Healthcare/ Community Support/ Public Space / Sports & Recreation/ Arts & Culture	7대 특화전략 활동을 고려한 건축 스터디 저밀의 주거 및 Retail (용적률 120%)

차량 연결 동선

복합 커뮤니티 Zone 계획 방향

차량 연결 동선

북측 도로

• 위계 : 생활권 간 연결도로

• 계획 방향

– 원활한 차량 소통을 고려하되 보행 친화 도시구조 구현을 위해 시케인 등 차량 속도 저감 방안 도입

차량의 진출입부 및 노상주차 지양

남측 도로

• 위계 : 생활권 내 연결도로

• 계획 방향

– 커뮤니티가로(생활보행동선)로서 활력 있는 보행 친화 가로로 계획 (시케인 등 차량 속도 저감, 노상 주차, 경사(Slope) 구간 및 주차장 배제 등)

– 단, 생활권 내의 차량 동선(영업/배달/비상/일반 차량)은 연결

적극적인 Traffic Calming 기법을 도입하되 단절은 지양

복합 커뮤니티 Zone 계획 방향

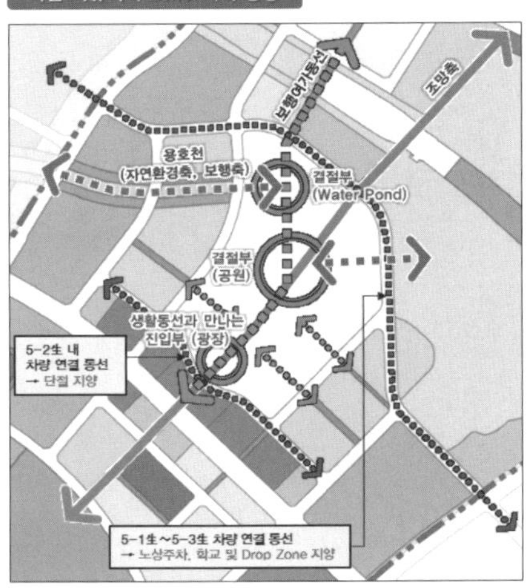

생활 Infra 복합화를 통한 커뮤니티의 24시간 활성화

계획 방향

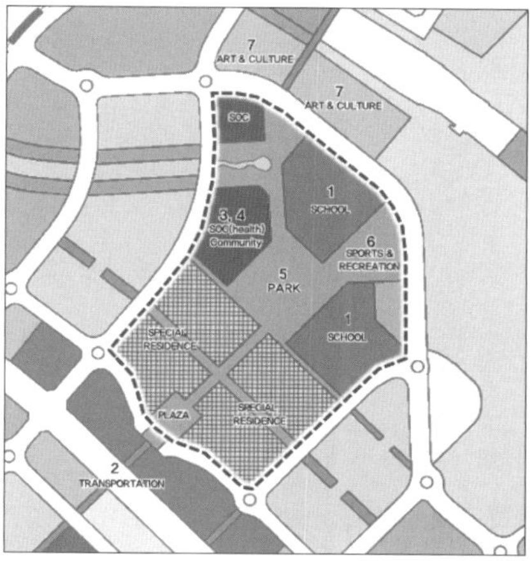

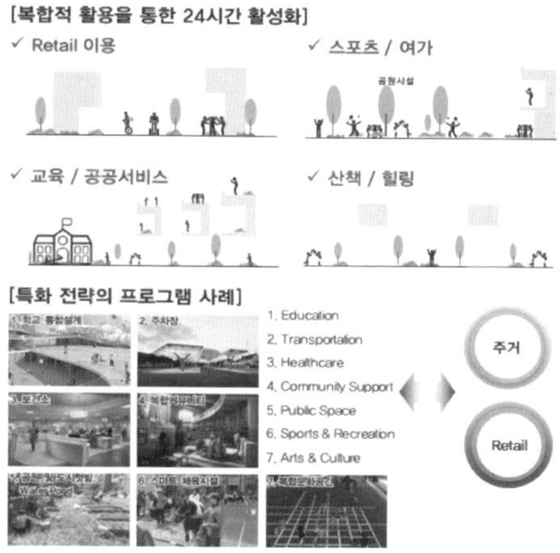

패러다임 변화

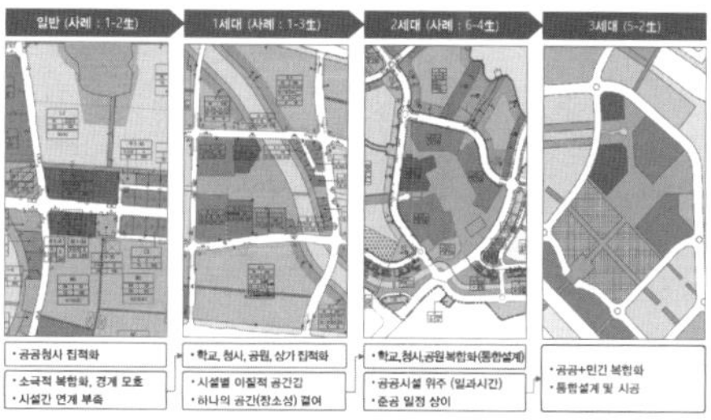

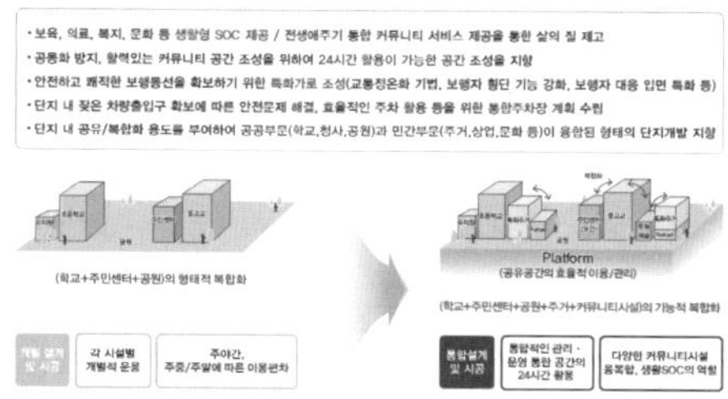

구상안

✓ 계획방향

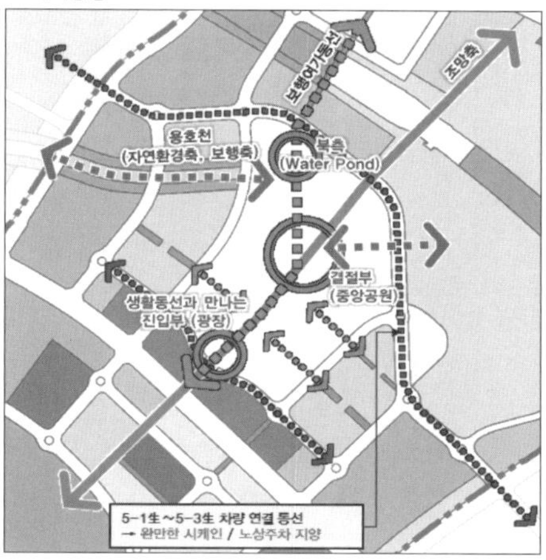

✓ 구상(안)

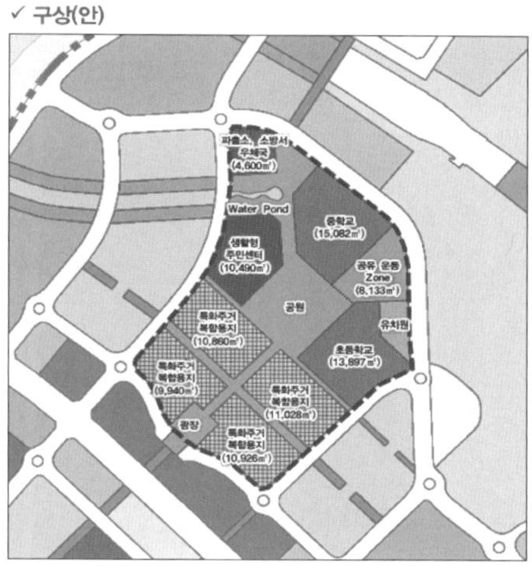

행복도시 개발 과정에서 커뮤니티시설 통합 계획의 변천사를 세대별로 구분하고 5-2생활권 복합 커뮤니티 Zone 계획의 차별성을 행복청 최종보고(2020. 12. 17)시 제시하였다. BRT 정류장과 복합 커뮤니티 Zone 보행 연계를 위해 진입부 구간보행 연결과 관련하여 완전한 보행 전용 연결(광장) 의견과 보행자 중심의 커뮤니티 가로 횡단 의견에 대한 논의가 진행되었다. 실무회의 등을 통하여 차량 통행은 가능하게 조성하되 스마트 볼라드 등을 활용하여 평상시 보행 전용 연결, 비상시 차량 통행이 가능한 방향으로 검토하였으며 통합주차장 및 통합시공 방안도 제시하였다.

<그림 2-66> 5-2생활권 복합커뮤니티 Zone 계획

4.2 Care Farm Town

제3차 MP 회의(2020. 2. 7)시 Smart Healthy City의 7가지 도시기능 중 하나로 제시된 Care Farm 거념 정립을 위한 Care Farm 사례 스터디, Care Farm 유형과 Target / 사업주체와 형태 논의, Care Farm 주거특화 모델 및 모듈 제시, 전원형 Care Farm 주거타운 관련 민간

전문가 자문 등을 토대로 Care Farm Town 규모 및 사업화 방안이 검토되었다.

사회주택 사업시행자 자문을 통해 실현 가능성 Tapping, Care Farm 실현방안, 도시농업공원 운영 자문을 위해 농업진흥청 실무협의(2020. 10. 19) 등이 진행되었고 행복청 최종보고(2020. 12. 17)시 Care Farm 사업추진전략이 제시되었다.

제7차 MP 회의(2020. 4. 9)에서 농업생산활동과 케어서비스가 결합된 개념으로 농업생산활동이 가능한 국내 도시농업공원과 해외의 주거와 농장이 결합한 사례를 검토하여 주거와 농장이 결합되고 앵커의료가 연계하여 서비스를 제공하는 Care Farm 주거특화 개념이 정립되었다.

제8차 MP 회의(2020. 4. 16)에서 Care Farm의 목적에 따른 유형과 Target을 구분하여 어떤 유형을 누구를 위해 Care Farm 계획을 할 것인가에 대한 논의 결과, 기존에 존재하는 사회복지시설 및 레저공간 등 특정 계층이 아닌 지속적으로 농장 운영이 가능하며 전원형 주거를 원하는 사람을 주대상으로 하여 주거가 결합된 Care Farm 조성을 하기로 하였다.

제23차 MP 회의(2020. 10. 8)시 농업진흥청 등 관계기관 조사자료 및 전문가 의견, 선호도 및 만족도 조사, 행복도시 지구단위계획 등을 감안하여 5-2 생활권 케어팜에는 가구당 30㎡로 계획 규모로 결정하였다. Care Farm 부지(40,000㎡)에 265세대 규모를 설정하여 Farm과 단독 및 연립주택으로 구성하되 케어팜의 지속적인 관리 · 운영을 위해 민간+공공 주체가 필요하며, 케어팜 소유권 문제로 인해 임대주택이라는 전제가 필요하다는 “Care Farm 사업 범위와 시설별 규모”가 설정되었다.

1

관계기관 조사자료

- **농촌진흥청 :**
  한가족이 자급자족하기 위한 텃밭 면적
  (4인 가구 기준) 240 ㎡로 검토
- **'천안시농업기술센터'의 자료**를 보면
  4인가족의 자급자족 재배면적을 260㎡로 검토했으나 실제로는 작물의 교체재배로 텃밭의 크기는 100~160 ㎡ 으로도 충분함
- **전문가 의견 :**
  한 가족을 위한 자급자족 텃밭 면적은
  150~300㎡ 정도면 충분하나,
  텃밭을 처음 시작하는 초보세대는
  15~30㎡ 규모로 시작하는 것이 좋음

2

선호도 및 만족도 조사

구분		희망분양규모												
		2평		3평		4평		5-10평		11평		기타		소계
		빈도	%	빈도	%	빈도	%	빈도	%	빈도	%	빈도	%	%
현재 분양 규모	2평	37	6.0	12	1.9	20	3.2	1	0.2	5	0.8	7	1.1	13.3
	3평	3	0.5	93	15.1	21	3.4	3	0.5	7	1.1	17	2.8	23.4
	4평	2	0.3	0	0.0	94	15.3	6	1.0	15	2.4	17	2.8	21.8
	5-10평	0	0.0	0	0.0	0	0.0	34	5.5	1	0.2	0	0.0	5.7
	11평 이상	1	0.2	3	0.5	9	1.5	0	0.0	84	13.6	0	0.0	15.7
	기타	0	0.0	1	0.2	1	0.2	29	4.7	1	0.2	92	14.9	20.1
	소계	43	7.0	109	17.7	145	23.6	73	11.9	113	18.3	133	21.6	100

도시농업의 중장기 발전 방안 연구, 2015, 농림축산식품부

- 텃밭을 운영중인 616명의 텃밭규모
  선호도 조사결과, 3~4평 규모를 가장
  많이 선호 **했으며, 규모에 따른** 만족도는
  5-10평이 가장 높은 것으로 조사됨

3

행복도시 지구단위계획

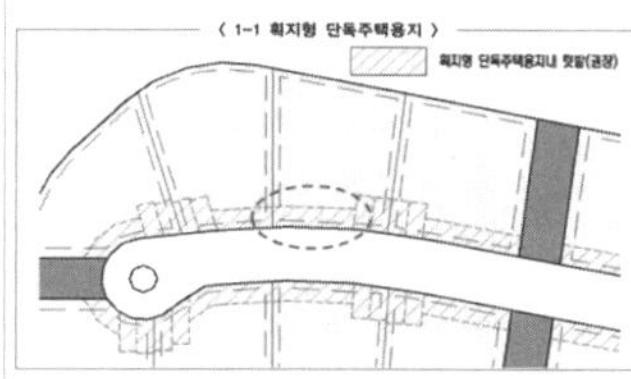

행복도시 지구단위계획 (1生 획지형단독주택용지)
→ 12㎡이상 권장

<그림 2-67> Care Farm 적정규모 검토

케어팜 부지 면적 : 40,000㎡

주거면적	30,000㎡ (단독 30%, 연립 70%)
계획세대수	총 265세대 (연립 240세대, 단독 25세대)
Farm	8,000㎡ (텃밭 적정규모 검토 : 30㎡)
테마시설	2,000㎡ (전체부지면적의 5%)

Case.1
- 분양형 주택
- 케어팜에 대한 소유권 문제
- 개인 지분으로 관리 강제 X

부대시설 공유지분으로 분양

Case.2
- 임대형 주택 전제 필요
- 케어팜의 지속적 관리/운영을 위한 민간+공공 주체 필요

부대시설

Case.3
- 케어팜 주거단지에 임대 우선권
- 사업자가 시설 기부채납
- 주택 분양가/임대료에 영향

도시농업공원 시설결정

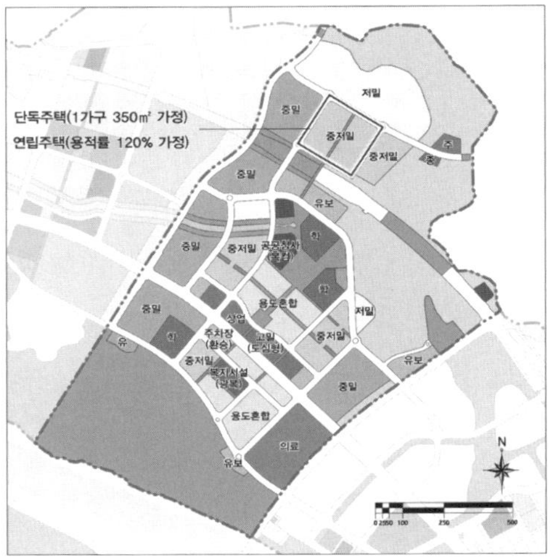

<그림 2-68> Care Farm 입지 및 전제조건

Care Farm 내 주거유형은 필지를 공유지분으로 여러 사람이 공동으로 소유할 수 있는 블록형 단독주택, 타운하우스 및 테라스하우스 등으로 유형화하였다. 케어팜과 테마 기능은 의료시설과 연계 가능한 치유형 농장 및 생산형 스마트팜 등으로 구성하고, 케어팜 운영주체가 시행하는 프로그램을 운영 위한 건강관리실 및 원예치유공방 등 공간과 24시간 헬스케어서비스를 지원하도록 하였다.

<그림 2-69> Care Farm 주거유형

<그림 2-70> Care Farm내 테마기능

농업활동과 연계한 건강관리와 커뮤니티 강화 특화를 목적으로 Care Farm Town 추진 및 계획(안)과 Care Farm 목적의 지속성 유지를 위하여 공공의 참여는 필수이므로 민 · 관 상생형 또는 공공주도형으로 사업을 추진하는 다각적인 사업방식을 검토하여 행복청 최종보고(2020. 12. 17)에 반영하였다.

<그림 2-71> Care Farm Town 연계방안

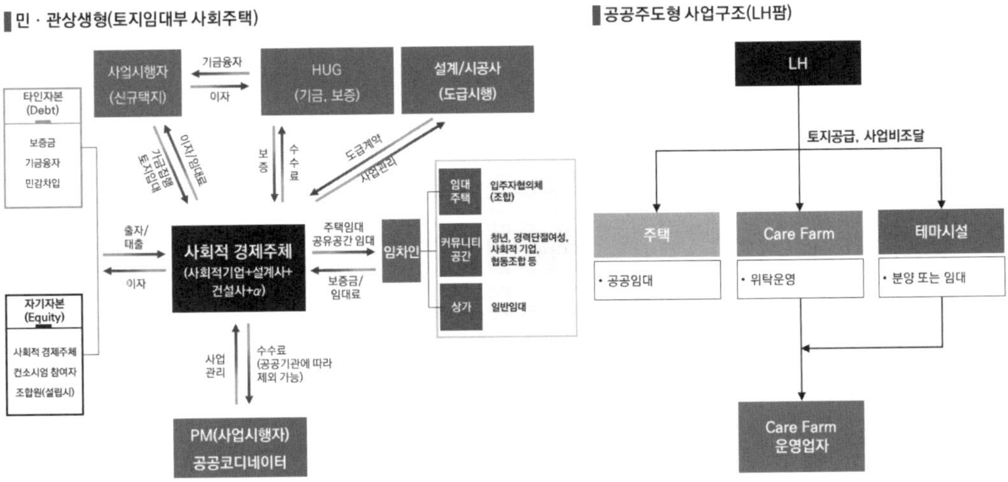

<그림 2-72> Care Farm Town 사업구조

4.3 Health Care Town

제3차 MP 회의(2020. 2. 7) 및 행복청 착수보고(2020. 3. 5)시 Smart Healthy City의 7가지 도시기능 중 하나로 Health Care가 제시되었고 다음과 같이 진행되었다.

- 제7차 MP 회의(2020. 4. 9): 의료기능 복합화 모델 사례(Health Care Town 유형) 스터디
- 제9차 MP 회의(2020. 4. 23): 병원수요에 따른 5-1 및 5-2생활권내 의료용지 변경에 관한 사항 정리
- 제10차 MP 회의(2020. 5. 7): 의료기능 복합화 모델의 필요성 및 중산층 고령자를 위한 의료+주거 모델 제시. 5생활권 헬스케어 연계 사업구조 및 병원 성격 제시
- 제12차 MP 회의(2020. 5. 21): 중산층 고령자 주거수요 검토, 의료 · 헬스케어 관련 자족수요 검토
- 제23차 MP 회의(2020. 10. 8): Health Care Town 사업규모 및 사업화 방안 검토
- 행복청 최종보고(2020. 12. 17): Health Care Town 연계방안 및 사업실현화 방안

제12차 MP 회의(2020. 5. 21)시 수요 추정 및 사업 규모 관련 논의가 있었으며 중산층 고령자의 세종시 주거수요를 검토하여 잠재적 주거수요 검토 및 헬스케어 관련 산업 · 업무 · 상업의 잠재적 수요를 추정하여 Health Care Town의 사업규모를 추정하였다. 수요 추정 결과 주택 수요는 약 1만호, 자족 수요로는 산업 및 상업 약 37만㎡로 예상되었다.

제23차 MP 회의(2020. 10. 8)시 Health Care Town 사업 범위와 시설별 규모 설정이 논의되었는데, 5-2생활권 의료시설용지가 입지한 BRT 남측부에 의료시설용지와 용도혼합용지를 패키지로 공급하고 공동주택용지 및 복지시설과 연계하는 Health Care Town 사업범위를 설정하였다.

Health Care Town 구성요소로는 관련 의료계 동향을 검토한 결과, 단편적인 의료시설에서 벗어나, 의료와 주거 · 교육 · 자족 등 다양한 기능이 결합된 구조로 개발 되는 경향이 도출되었고 앵커의료시설도 필요한 것으로 나타났다. 그리고 의료 주체 참여를 위한 수익성 확보가 전제 사항이기 때문이며, 다양한 Health Care 서비스 공급으로 공공성이 균형을 이루어야만 성공적인 Health Care Town 조성이 가능한 것으로 조사되었다.

사업지구내 공공에서 추진하는 공공 시니어 스마트케어 주택 시범단지와의 연계사업은 고령자를 위한 복지 서비스와 헬스케어 서비스가 강화된 주거 공간이 결합되어, 집약적이고 선도적인 헬스케어 중심지 역할을 도모하는 마중물 역할을 해야 할 것으로 검토되었다. 공공과 민간사업자가 SPC를 구성하는 것에서 시작하여, 장기간 소요되고 지속적인 개발방향 유지가 관건인 사업으로 공공이 토지를 출자하고 의료시설사업자 및 노인복지주택 운영자 등 다양한 헬스케어 관련 민간 컨소시엄이 사업비를 출자하여 헬스케어 시설을 건설하고 운영하여 수익을 회수하는 사업구조로 설정되었다.

▌헬스케어타운 부지 면적 : 149,819㎡

의료시설 용지	52,272㎡
용도혼합 용지	46,903㎡ (주거3 : 비주거7), 일반주택 458세대 노인복지주택(비주거) 총 200~300세대로 제한
공공 시니어 주택	12,036㎡ (281세대)
일반분양	38,608㎡ (632세대)

▌의료용지와 용도혼합용지의 패키지 공급

- 인공지능(AI)을 포함한 기술의 융·복합으로 유례없이 빠른 발전속도로 인한 뷰카(VUCA)의 시대
- 미래예측과 정교한 계획보다는 끊임없는 도전과 현명한 시행착오를 통한 혁신이 보다 효과적

⇒ 수요자 니즈에 맞는 개발 가능하도록 용도혼합용지 계획

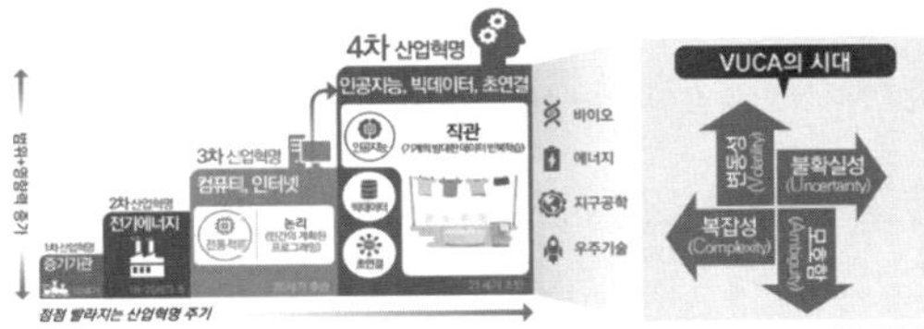

출처 : 4차산업혁명 대정부 권고안 발표자료, 2019.10, 4차산업혁명위원회

<그림 2-73> 5-2생활권 내 Health Care Town 입지, 면적 및 조건

▌계획내용

- 의료시설은 가급적 다양하고 유연한 기능 구성 필요
- 성장기능은 의료 관련 연구 / 교육 / 비즈니스 등 구성
- 주거기능은 의료와 연계가능한 공공 시니어타운 등 고려

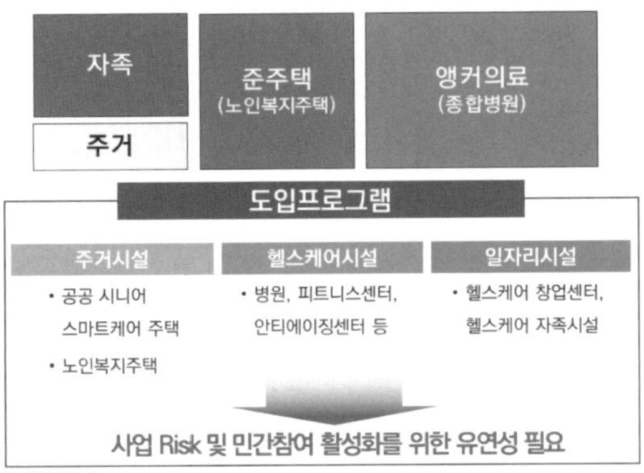

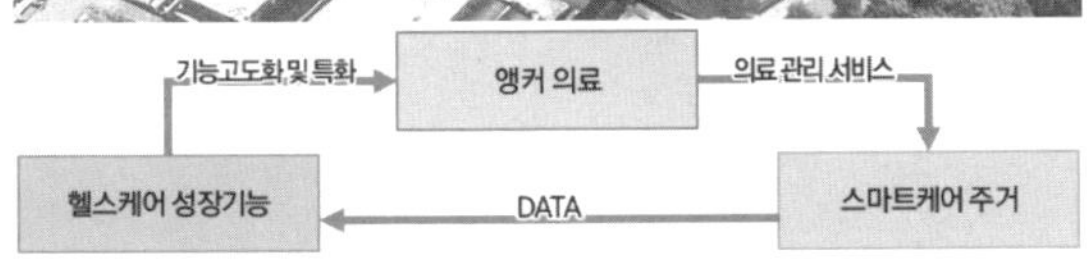

<그림 2-74> Health Care Town 구성 요소

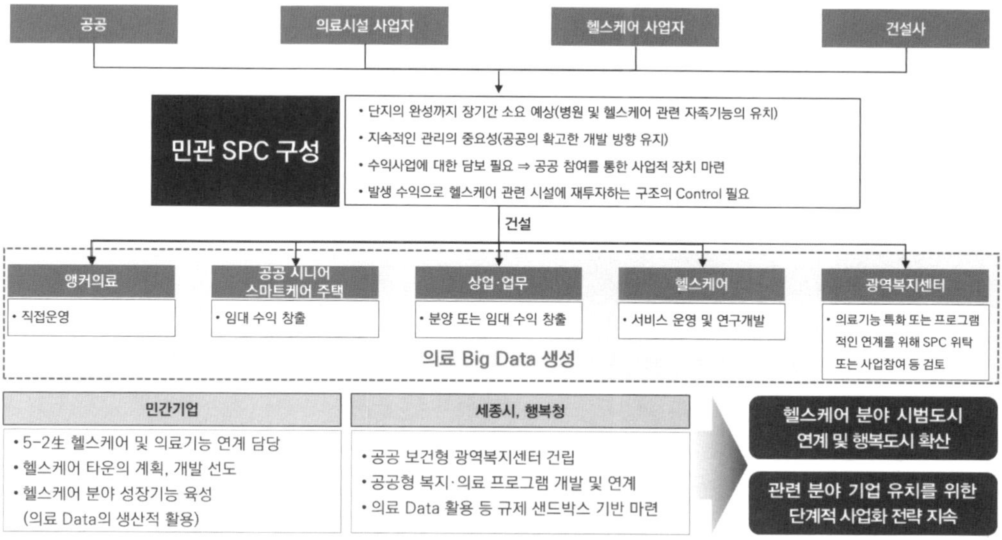

<그림 2-75> 사업구조

행복청 최종보고(2020. 12. 17)에서는 행복도시 전체 생활권의 헬스케어 서비스를 담당하는 앵커의료와 광역복지시설 연계를 통해 인근 주거시설의 헬스케어 Data가 수집되고, 헬스케어 서비스가 공급되는 특화기능 연계체계를 계획하고, 헬스케어 Data 활용을 통해 용도혼합용지 내 자족기능을 성장시키고 실증하는 공간으로 조성하는 헬스케어타운 연계방안이 제시되었다.

향후 사업실현화를 위해 민간사업자 공모를 진행할 예정이며, 현재는 민간사업자 태핑 및 민간기업 간담회 등을 통해 니즈를 파악하여 계획에 반영 하는 것이 필요하고, 민간사업자의 필수서비스 역량으로는 헬스케어 도시를 운영하고 서비스 공급이 가능한 사업자가 중심이 되어야 하였다. 행복도시 전체에 헬스케어 서비스를 공급하는 선도적인 역할과 신성장동력의 원천이라는 역할이 5-2 생활권의 주요 평가요소임을 제안하는 사업실현화 방안이 제시되었다.

<그림 2-76> Health Care Town 연계방안

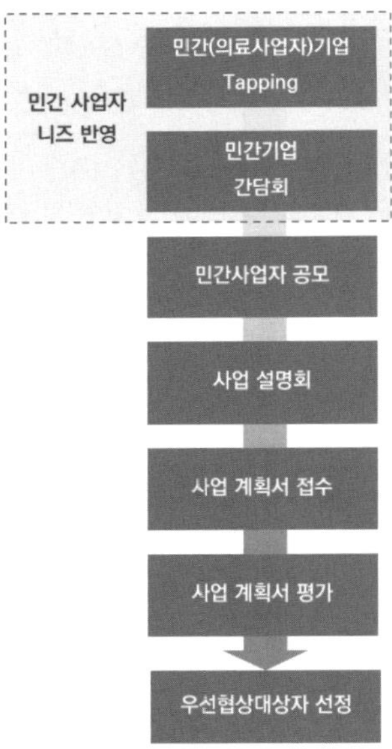

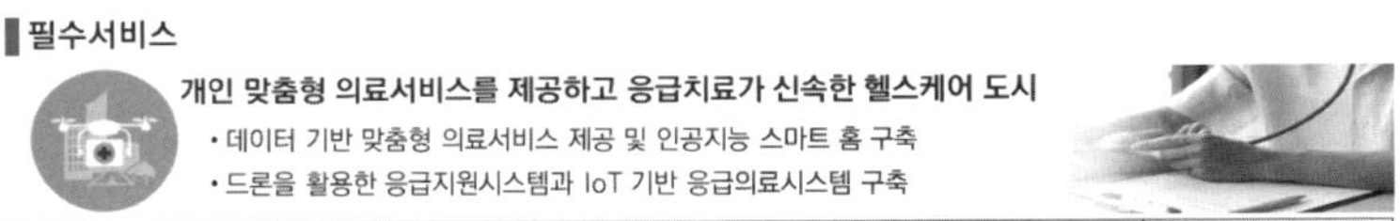

	건강한 삶		걷고싶은 도시	안정적인 응급대응	안전한 환경
목표					
서비스	맞춤형 의료서비스	매일 신선한 식재료 공급	일상생활 속에서 자연스럽게 운동유도	신속하고 정확한 응급대응	모두에게 언제 어디서나 안전하고 편리한 환경
기술	• 데이터 기반 개인 맞춤형 의료서비스 • 지능형 감성 돌보미 로봇 • 근력 지원 웨어러블 슈트 • 데이터기반 스마트 임상연구 플랫폼	• 도시기반 건물형 스마트팜 • 현지 직배송 스마트 시스템 • 식재료 공급 및 배송 블록체인 시스템	• 운동 시민 코인 보상 시스템 • 공유이동수단 (자동차, 자전거, 1인바이크 등)	• 드론을 활용한 응급지원시스템 (사고현장 드론출동 → 사고상황 전달 및 최적 응급지원) • 구급차 웨어러블 카메라 시스템 • IoT 기반 응급의료 시스템	• 24시간 호출 서비스 • Door to Door 이동시스템 • 지능형 범죄예방 시스템 • 무인 패트롤 • 스마트 보안시스템

<그림 2-77> Health Care Town 사업실현화 방안

4.4 토지이용계획 및 설계 수립

● 행복청 중간보고(2020. 9. 2)

토지이용계획 및 설계의 방향을 확정한 제15차 MP 회의 이후 세부적인 내용을 보완하는 작업이 진행되었다.

- 주요 내용은 5-1생활권과 5-3생활권을 연결하는 BRT 북측 연결 도로의 선형 조정, 상위계획 및 법령, 그동안의 개발 컨셉에 적합한 개발지표 설정 및 의료시설, 광역복지센터, 숲유치원, 종교시설의 위치 및 규모 설정이었다.
- 권역별 도입기능으로 외곽순환도로 북측에는 케어팜 및 저밀 주거(테라스하우스), 중앙에는 복합 커뮤니티 Zone, 소규모 블록 및 중밀 공동주택, BRT 도로 변에는 고밀주거, BRT 도로 남측에는 앵커 의료시설, 광역복지센터 및 성장 기능을 도입하기로 하였다.
- 인구 · 주택 계획(안)으로는 당초보다 인구가 감소(인구 23,028명 → 16,878명)되는 것으로 나타났으며 복합 커뮤니티 Zone 등 중앙부에 저층의 저밀 및 중저밀, 생활권 외곽에는 중밀 그리고 테라스하우스, Care Farm 주택, 특화주거, 용도혼합, 고밀 및 중밀 공동주택 등과 같은 다양한 유형의 주택을 공급하는 계획을 수립하였다.
- 복합 커뮤니티 Zone의 계획 방향을 고려하여 특화 주거 용도혼합 및 앵커 의료시설을 중심으로 다양한 의료기능 복합화를 위한 용도혼합 계획이 수립되었다.

구 분	면적 (㎡)	세대수 (세대)	인구 (인)	비율 (%)	비고
주택용지	544,380	7,883	16,878	100.0	
저 밀	123,458	1,403	3,509	20.8	
중저밀	85,631	1,368	3,418	20.3	
중 밀	147,564	2,285	5,711	33.8	
고 밀	25,152	1,511	2,265	13.4	
용도혼합 (고밀)	162,574	1,316	1,975	11.7	

※ 밀도 및 주택규모 등은 건축계획과정에서 조정 예정

인구 · 주택 계획(안)

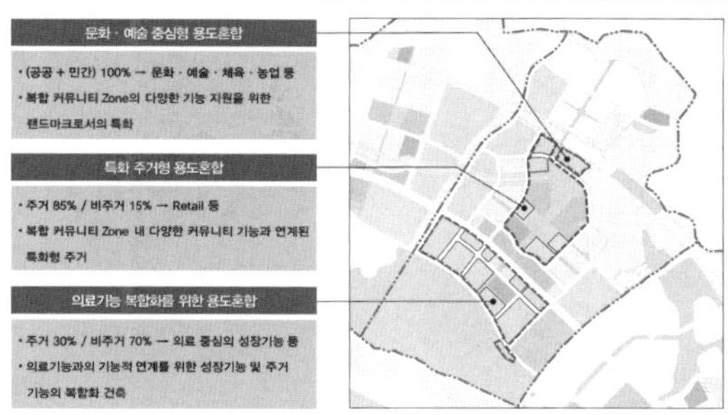

용도혼합 유형

<그림 2-78> 중간보고 주요내용

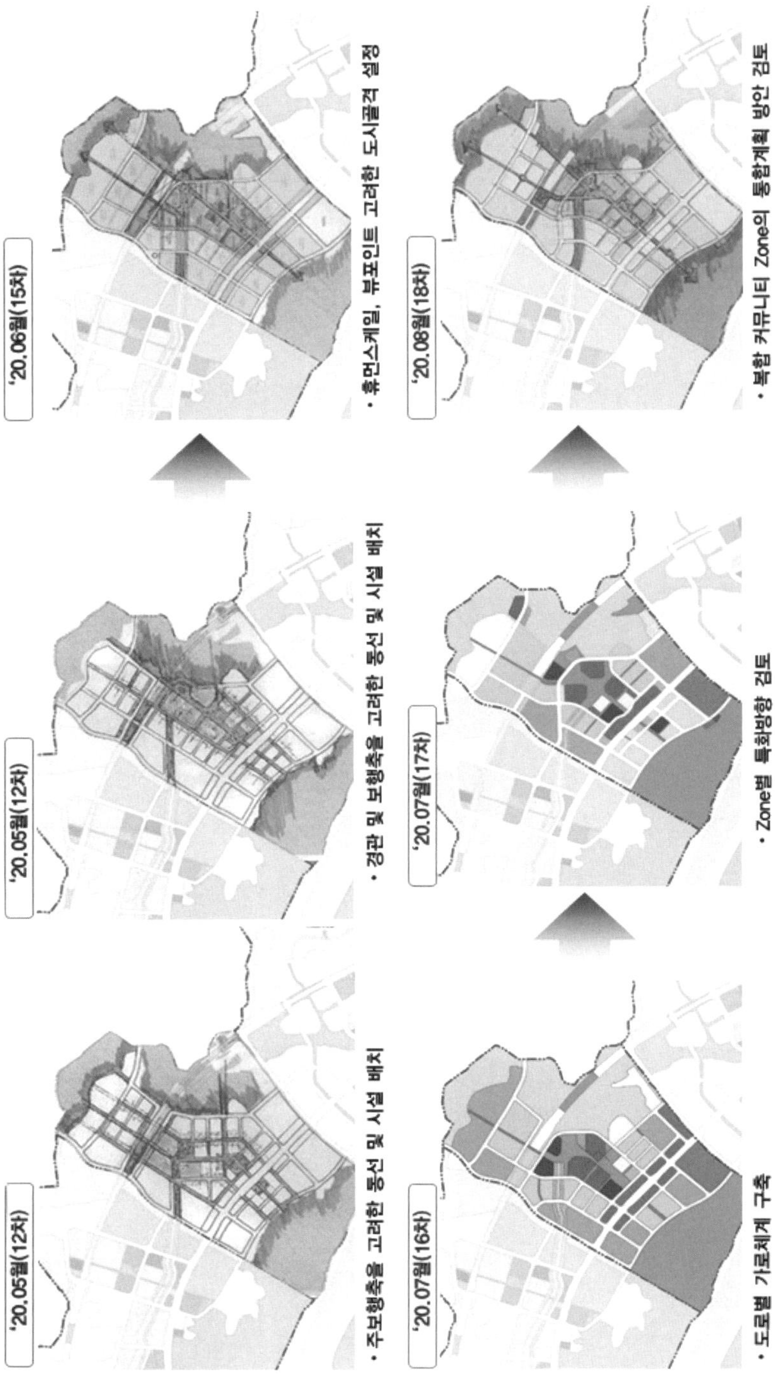

<그림 2-79> 토지이용계획(안) 변천

구 분		면 적(㎡)				구성비(%)	비 고
		기 정	변 경(안)	증 감(㎡)			
합 계		1,792,321	1,792,321		–	100.0	
주택용지		537,734	553,724	증)	15,990	30.9	
	저 밀	193,845	132,803	감)	61,042	7.4	(근생포함)
	중저밀	79,691	85,631	증)	5,940	4.8	
	중 밀	250,940	147,564	감)	103,376	8.2	
	고밀(도심형)	13,258	25,152	증)	11,894	1.4	
	용도혼합	–	162,574	증)	162,574	9.1	
상업업무용지		52,640	6,825	감)	48,815	0.4	
공원녹지		712,895	810,652	증)	97,757	45.3	
시설용지		489,052	421,120	감)	67,932	23.4	
	공공청사업무	13,842	10,883	감)	2,959	0.6	
	교육시설	57,957	44,870	감)	13,087	2.5	
	복지시설	900	9,469	증)	8,569	0.5	
	의료시설	57,859	53,899	감)	3,960	3.0	
	유 보 지	2,806	–	감)	2,806	0.0	
	공공기반시설	355,688	301,999	감)	53,689	16.8	
	도 로	336,507	280,217	감)	56,290	15.6	
	주 차 장	13,000	13,318	증)	318	0.7	
	종교용지	2,003	8,464	증)	6,461	0.5	
	기 타	4,178	–	감)	4,178	0.0	

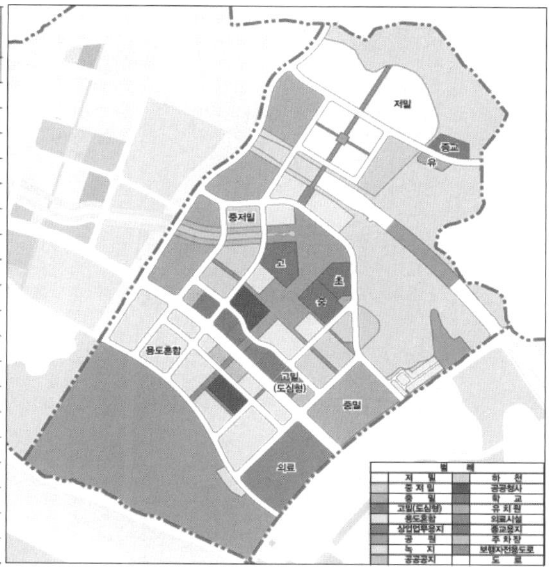

계획지표

구 분	계획지표	기 정	변 경(안)	비 고
계획면적(㎡)		1,792,321㎡	1,792,321㎡	
계획인구(인)		23,028인 (9,210세대)	16,878인 (7,685세대)	
인구밀도(인/ha)	300인/ha 내외	396인/ha	310인/ha	
상업용지(㎡)	3% 내외	43,521㎡ (2.9%)	6,825㎡ (0.4%)	
공원 · 녹지	1인당 30㎡ 이상	712,895㎡ (기준 690,840㎡ 이상)	810,652㎡ (기준 506,340㎡ 이상)	저류지 · 하천 · 공공공지 포함
공공청사		2개소	2개소	복합커뮤니티 등
교육 시설		6개소 (유2/초2/중1/고1)	5개소 (유2/초1/중1/고1)	초교 개소수는 종합적 여건에 따라 조정 예정
주 차 장	0.6% 이상	4개소(0.7%)	4개소(0.7%)	환승주차장 포함
복지 시설		–	1개소	광역복지시설 (의료복지기능)
의료 시설		1개소	1개소	

<그림 2-80> 토지이용계획(안) 및 계획지표

● 최종보고(2020. 12. 17)

행복청 중간보고(2020. 9. 2)이후 복합 커뮤니티 Zone 내부에 들어갈 공공시설의 위치 및 특화주거 규모 등에 대한 계획을 조정하였으며, 공동주택 부대 · 복리시설 및 향후 관리 등을 고려하여 소규모 블록으로 통합하였다. BRT 도로 남측에 용도혼합용지 축소, 공동주택 및 학교 배치, 주차 진출입구 최소화를 위한 가로벽 고밀주거지 계획, 환승주차장, 주유소, 종교시설, 숲유치원 등도 조정하였다.

그 결과 당초 계획인구 : 23,028인(9,210세대) → 17,259인(7,397세대), 인구밀도 : 396인/ha → 330.5인/ha, 상업용지 비율 축소, 공원 · 녹지 비율 상향 등 개발지표가 재설정되었다.

토지 이용 계획

구 분	면적(㎡) 기정	면적(㎡) 변경(안)	면적(㎡) 증감(㎡)	구성비(%)	비 고
합 계	1,792,321	1,792,315	감) 6	100.0	
주택용지	537,734	476,267	감) 15,565	26.5	
저 밀	193,845	133,456	감) 60,389	7.4	
중저밀	79,691	93,759	증) 14,068	5.2	
중 밀	250,940	183,862	감) 67,078	10.3	
고밀(도심형)	13,258	21,436	증) 8,178	1.2	
특화주거복합용지	–	42,754	증) 42,754	2.4	
산업형용도혼합	–	46,902	증) 46,902	2.6	
상업업무용지	52,640	5,143	감) 47,497	0.3	
공원녹지	712,895	777,578	증) 64,683	43.4	
시설용지	489,052	487,425	감) 1,627	27.2	
공공청사업무	13,842	18,029	증) 4,187	1.0	
교육시설	57,957	51,631	감) 6,326	2.9	
복지시설	900	9,129	증) 8,229	0.5	
의료시설	57,859	52,272	감) 5,587	2.9	
유 보 지	2,806	34,012	증) 31,206	1.9	
공공기반시설	355,688	322,352	감) 33,336	18.0	
도 로	336,507	300,902	감) 35,605	16.8	
주 차 장	13,000	13,477	증) 477	0.8	
종교용지	2,003	2,265	증) 262	0.1	
기 타	4,178	5,708	증) 1,530	0.3	

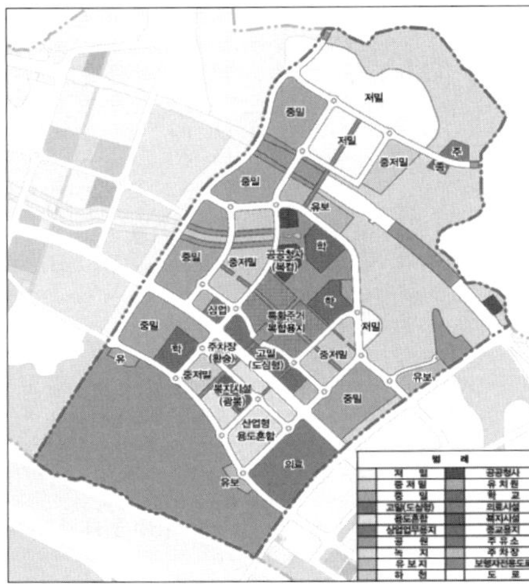

개발 지표

계획지표

구 분	계획지표	기 정	변 경(안)	비 고
계획면적(㎡)		1,792,321㎡	1,792,315㎡	
계획인구(인)		23,028인 (9,210세대)	17,259인 (7,397세대)	2.5인 세대 : 15,401인 1.5인 세대 : 1,858인
인구밀도(인/ha)	300인/ha 내외	396인/ha	330.5인/ha	
상업용지(㎡)	3% 내외	43,521㎡ (2.9%)	5,143㎡ (0.3%)	
상가연면적(㎡/인)		9.8㎡/인	4.8㎡/인	
공원 · 녹지	30㎡/인 이상	31.0㎡/인 (712,895㎡)	45.1㎡/인 (777,578㎡)	저류지 · 하천 · 공공공지 포함
공공청사		2개소	5개소	복합커뮤니티 등
교육 시설		6개소 (유2/초2/중1/고1)	5개소 (유2/초2/중1)	
주 차 장	0.6% 이상	4개소(0.7%)	3개소(0.8%)	환승주차장 포함
복지 시설		–	1개소	광역복지시설 (의료복지기능)
의료 시설		1개소	1개소	

인구 주택 계획

구분		면적 (㎡)	세대수 (세대)	인구 (명)	구성비 (%)	인구밀도 (인/ha)	비고
합계		522,169	7,397	17,259	100.0	330.5	
단독주택용지		133,456	748	1,869	10.1		
	블록형	133,456	748	1,869	10.1		
공동주택용지		299,057	5,675	12,953	76.7		
	60이하	79,810	2,406	4,779	32.5		
	60~85	184,231	2,819	7,049	38.1		
	85초과	35,016	450	1,125	6.1		
특화주거복합용지		42,754	516	1,291	7.0		
산업형용도혼합		46,902	458	1,146	6.2		

용도혼합 계획과 관련하여 복합 커뮤니티 Zone 내 특화 주거복합 용지는 주거 연면적 비율을 설정하고 공공 및 커뮤니티 용도 연면적의 하한선을 설정함으로써 유동적인 근생 비율 및 공공시설과 복합화될 수 있는 유연성을 부여하였다. 헬스케어 Zone 내 용도혼합용지는 혁신용도(의료 복합 자족용도)의 연면적 비율에 따라 용적률을 차등 적용하여 의료+상업, 의료+자족, 의료+주거 용도가 조성될 수 있도록 하였다.

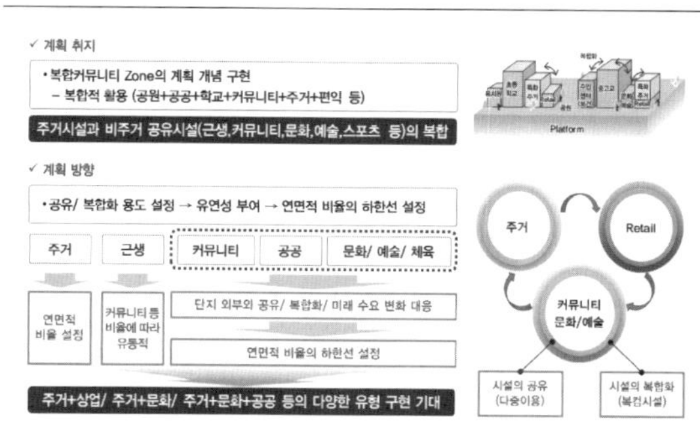

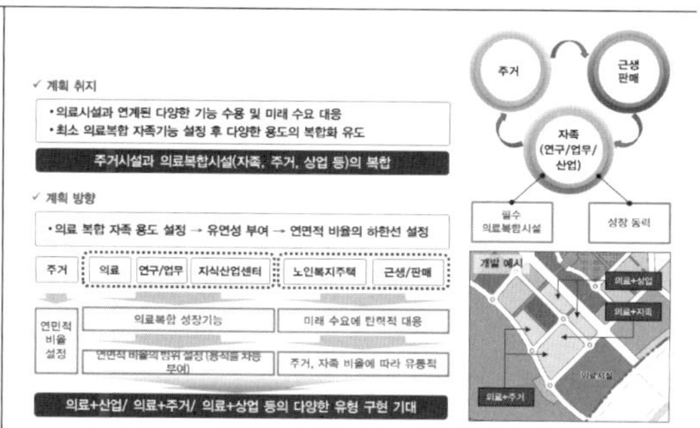

4.5 건축계획

가. 기본방향

계획 초기부터 도시 · 건축통합계획 수립을 지향하면서 보행 중심 계획의 특성을 고려한 블록크기, 건축물 배치를 통한 토지이용계획 및 설계를 진행하고자 하였다.

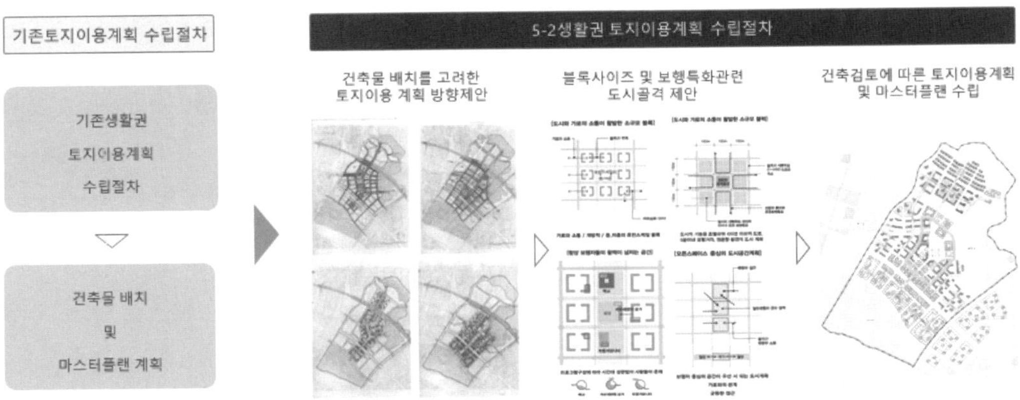

5–2생활권은 3가지 권역별로 나누어 특화방향을 설정하였는데, 치유농장 권역(Care Farm Zone), 보행중심 권역(Walkable Community Zone)과 헬스케어 권역(Health Care Zone)으로 구분하고 권역을 특화할 수 있는 건축방향을 제시하기로 하였다.

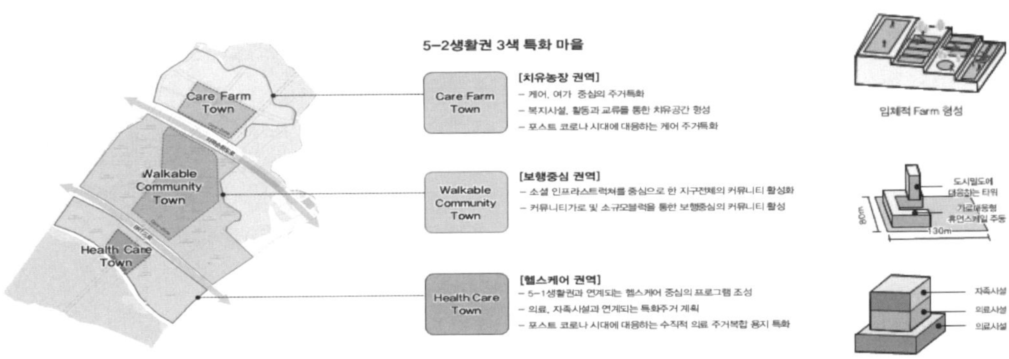

나. 설계진행 내용

제4차 MP 회의(2020. 2. 21)시 보행 중심 도시구조를 만들기 위해 휴먼스케일의 블록, 크기 및 형태 가로 대응을 위한 중정형과 타워형 건물을 조합하는 공동주택 유형 그리고 특화계획에 적합한 건축물 용도별 건축 유형도 검토하였다. 또한 착수보고(2020. 3. 5)시 소규모 블록 및 보행 친화적 가로경관 등 보행 중심 도시구조에 적합한 건축 유형을 제안하였다.

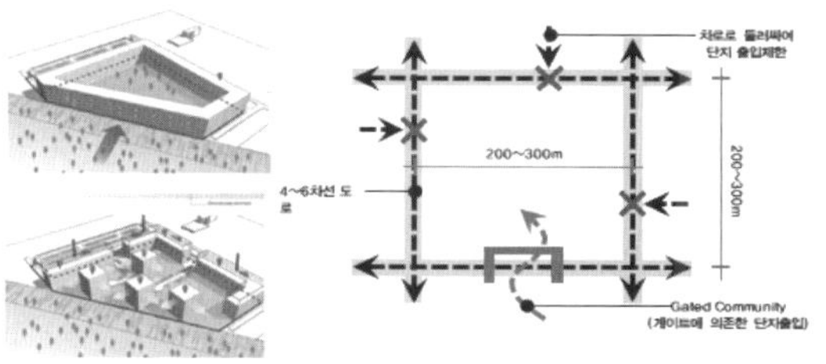

대규모 블록과 대로중심으로 건설하는 기존의 개발에 의한 삭막한 환경의 블럭

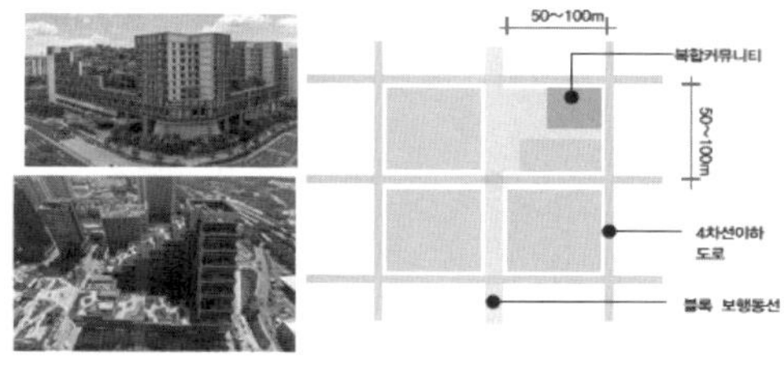

공동주택 내의 다양한 휴먼스케일의 가로공간을 지향하는 블록 및 다양한 계획적 장치를 통한 통제

<그림 2-81> 휴먼스케일의 블록 및 저층 고밀(중정형+타워형)조합 형태의 공동주택

• 단순 탑상형과 판상형이 아닌 도시맥락에 대응하여 복합적 건축물로의 공동주택 형성

• 자연의 경사에 순응하여 풍부한 자연환경을 주거지 내부로 끌어들이는 경사지 주택 형성

• 개별 건축물이 아닌 타운 자체로 케어와 힐링이 가능한 마을환경 형성

• 5-2생활권 광역 녹지축을 연계하여 지상부를 공원화한 신개념의 복합 환승 센터계획

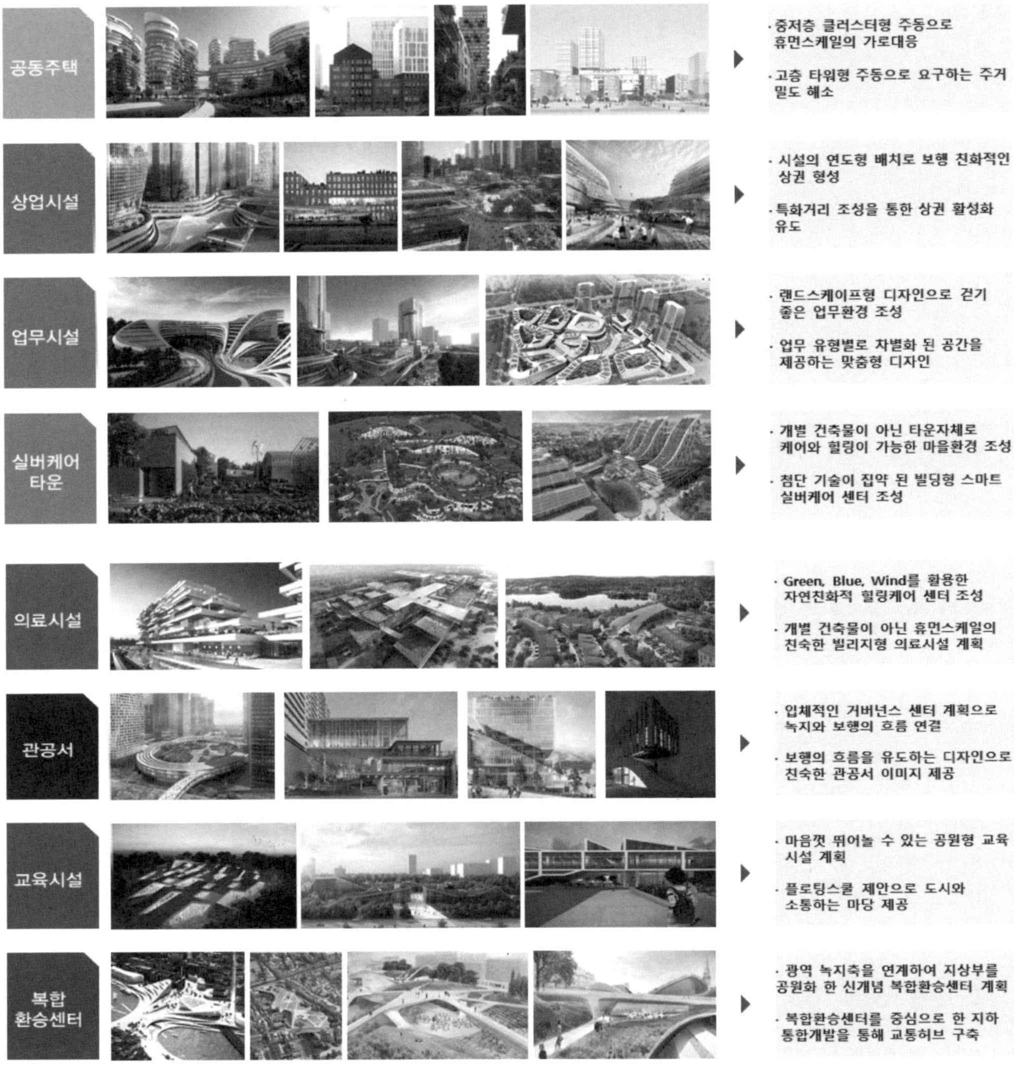

<그림 2-82> 건축 용도별 건축 형태 제안

제10차 MP 회의(2020. 5. 7)에서는 보행 중심 도시구조 및 바람길을 고려하여 대상지 중심부에는 저층구간을 설정하였고 생활권 중심에는 저층을 외곽에는 고층을 배치하여 스카이라인을 형성하고자 하였다.

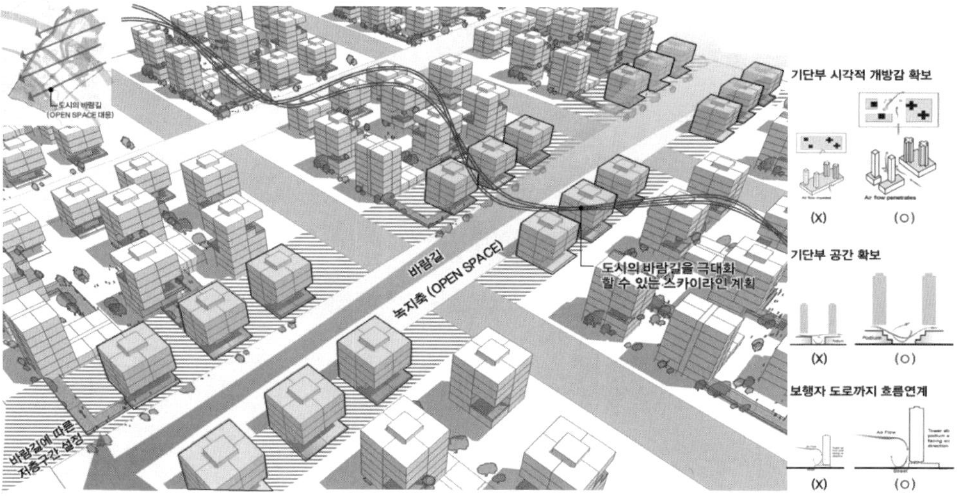

<그림 2-83> 녹지축으로 형성된 바람길과 저층구간 설정

현장답사(2020. 5. 14)이후 작성된 두 가지 토지이용계획(안)을 중심으로 제12차 MP 회의(2020. 5. 21)시 BRT 정류장 ~ 외곽순환도로 상부 보행축 중심안 → 보행 이동에 따른 조망과 BRT 정류장 ~ 출동산 조망축 중심안 → BRT 정류장에서의 조망축 등으로 나누어 보행축 및 경관점 검토를 위한 건축 시뮬레이션을 수행하였다.

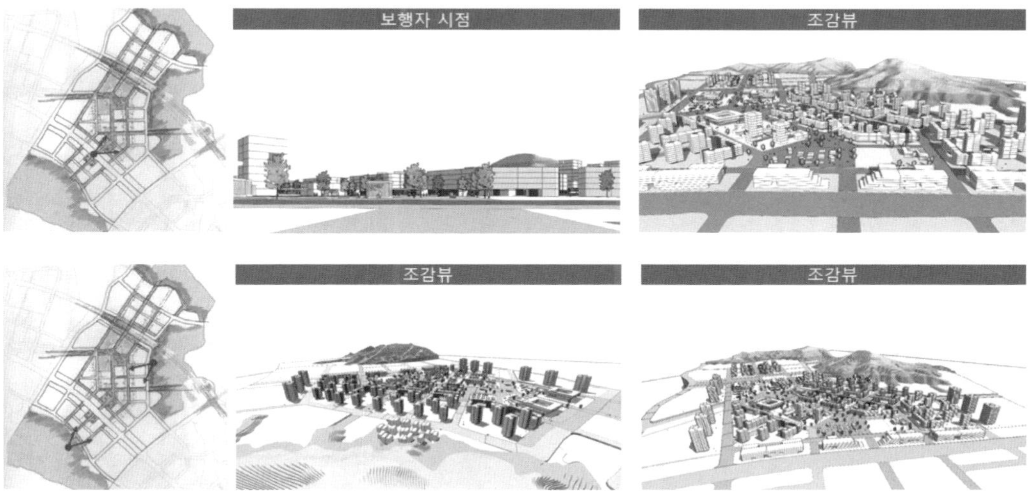

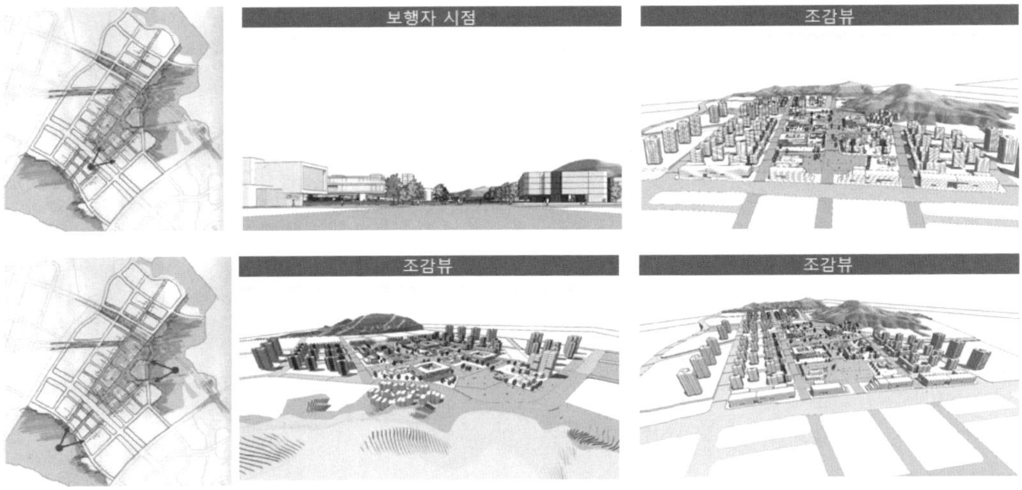

그간 검토된 공간계획(도시골격) 및 특화계획에 따라 구분된 3가지 권역의 건축 방향이 16차 MP 회의(2020. 7. 2)에서 설정되었다. 치유농장 권역(Care Farm Zone)은 케어, 여가 중심의 주거 및 치유공간 특화 그리고 포스트 코로나에 대응하는 주거형태로, 보행중심 권역(Walkable Community Zone)은 지구 전체의 커뮤니티 활성화 그리고 생활가로 및 보행친화공간으로, 헬스케어 권역(Health Care Zone)은 5-1생활권과 연계하면서 의료 및 자족시설의 특화주거와 수직적 의료 복합용지로 하였다.

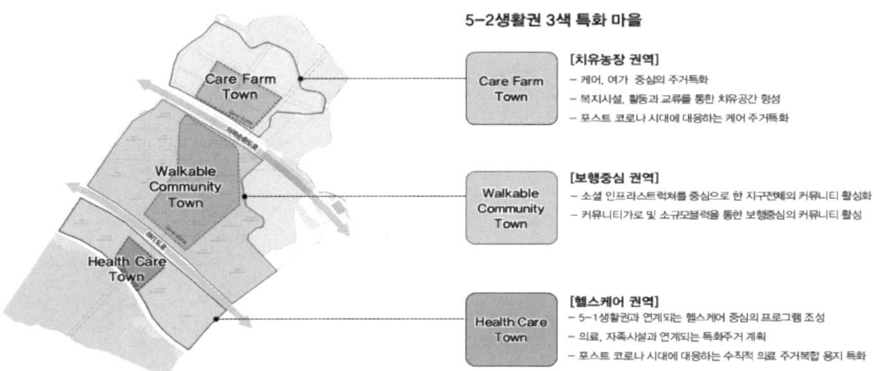

<그림 2-84> 권역별 특화구역 및 계획 방향

치유농장 권역(Care Farm Zone)

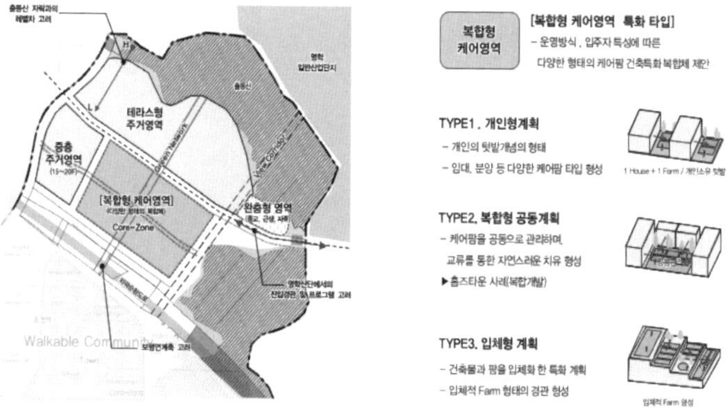

보행중심 권역(Walkable Community Zone)

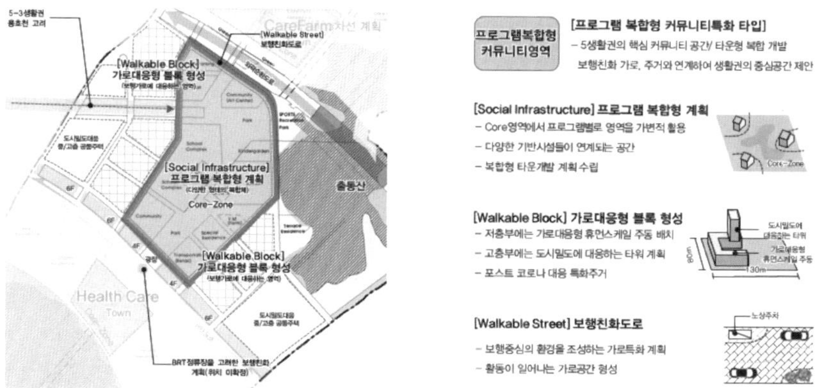

헬스케어 권역(Health Care Zone)

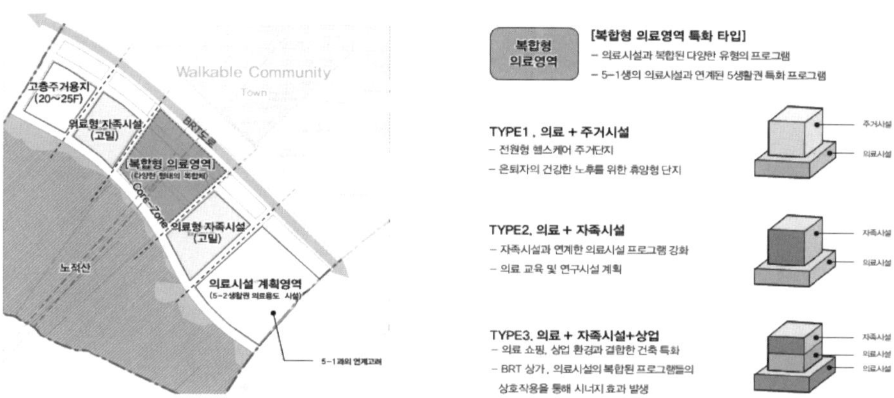

<그림 2-85> 권역별 계획 방향

치유농장 권역(Care Farm Zone)은 단독주택형 형태가 아닌 사업성 확보가 가능한 타운하우스와 수직형 및 다양한 유형의 케어팜 계획을 통해 도시경관을 형성하고자 하였고, Zone 별 건축 특화 방향이 제17차 MP 회의(2020. 7. 30)시 논의되었다.

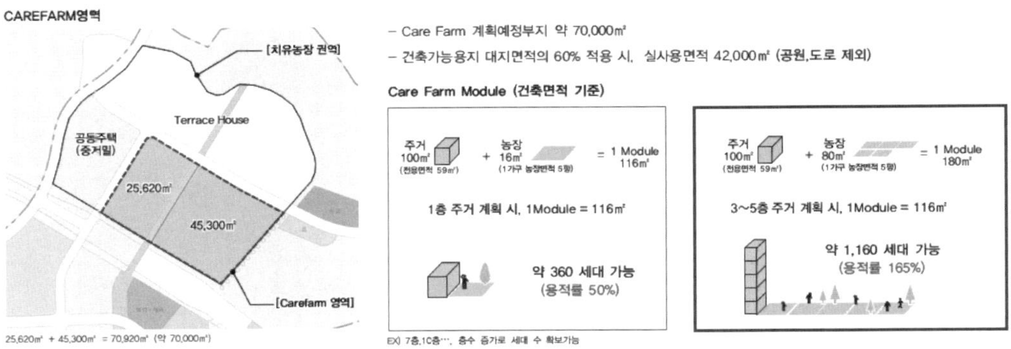

<그림 2-86> 타운하우스 및 수직형 케어팜

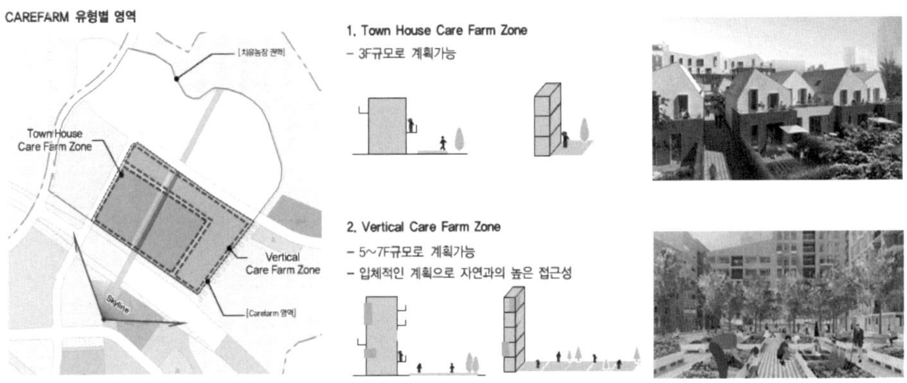

<그림 2-87> 다양한 유형의 케어팜 계획

- 보행중심 권역(Walkable Community Zone)의 특화 방향은 다음과 같이 설정하였다.
  - · 행정중심복합도시의 통합이미지 형성 방향에 따른 생활권 특화계획
  - · 5생활권 중심이 되는 인프라 중심공간
  - · 5-2생활권 중심에 공유마당 개념의 중심공간 조성
  - · BRT가로벽을 따라 흐르는 새로운 친자연 경관특화
  - · 포스트 코로나에 대응하여 자연과 접촉하는 그린테라스형 계획

■ Social Platform + Eco Urban Wall

5생활권의 중심 생활 인프라 집적 공간 + BRT 가로변 따라 흐르는 **녹지의 확산**

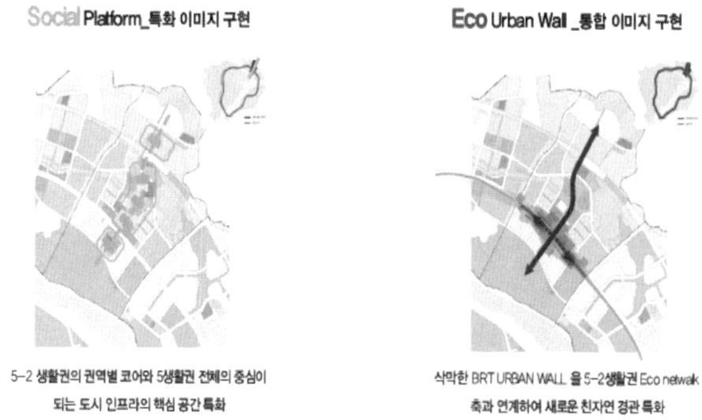

<그림 2-88> 행정중심복합도시 통합이미지 형성 반영

■ Social Platform

5생활권 중심의 위치에서 생활권을 Branding 하는 중심 공간

<그림 2-89> 5생활권 중심의 인프라 중심공간

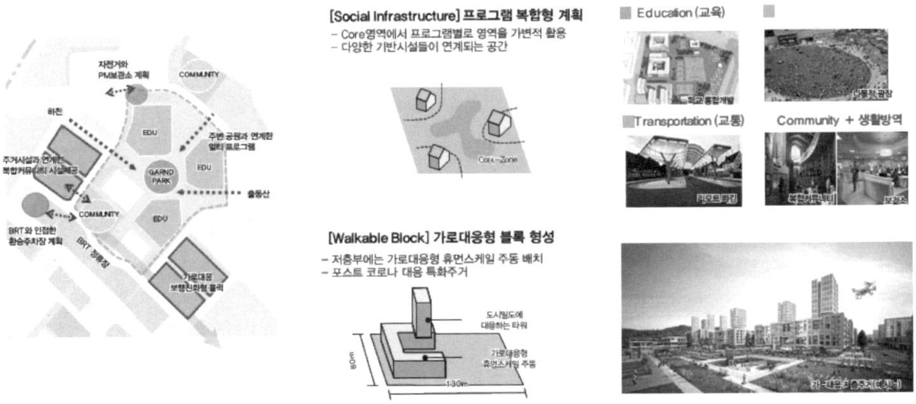

<그림 2-89> 5-2생활권 중심의 공유마당

<그림 2-90>BRT 가로벽 친자연 경관 특화

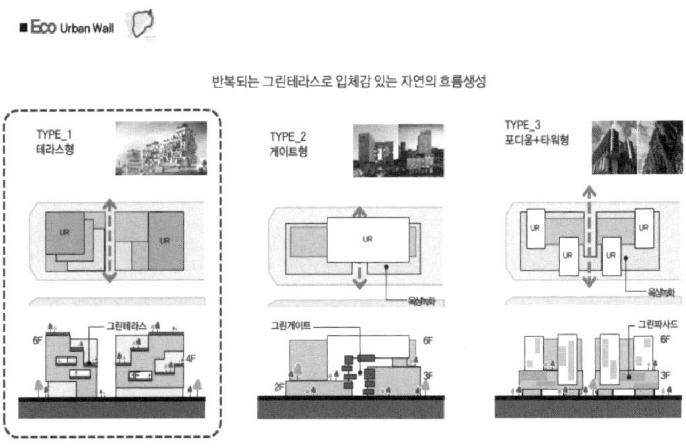

<그림 2-91>그린테라스형 계획

- 헬스케어 권역(Health Care Zone) 특화 방향으로는 의료시설과 복합화된 다양한 유형의 건축프로그램을 계획하였다.

<그림 2-92> 의료시설 복합 계획

제23차 MP 회의(2020. 10. 8)를 통해 도시의 밀도 및 네트워크 설정에 따른 건축물 배치구간이 설정되었고 스카이라인 및 용도에 특화된 건축물 유형을 제시하는 건축 마스터플랜이 수립되었다.

<그림 2-93> 도시의 밀도 및 네트워크

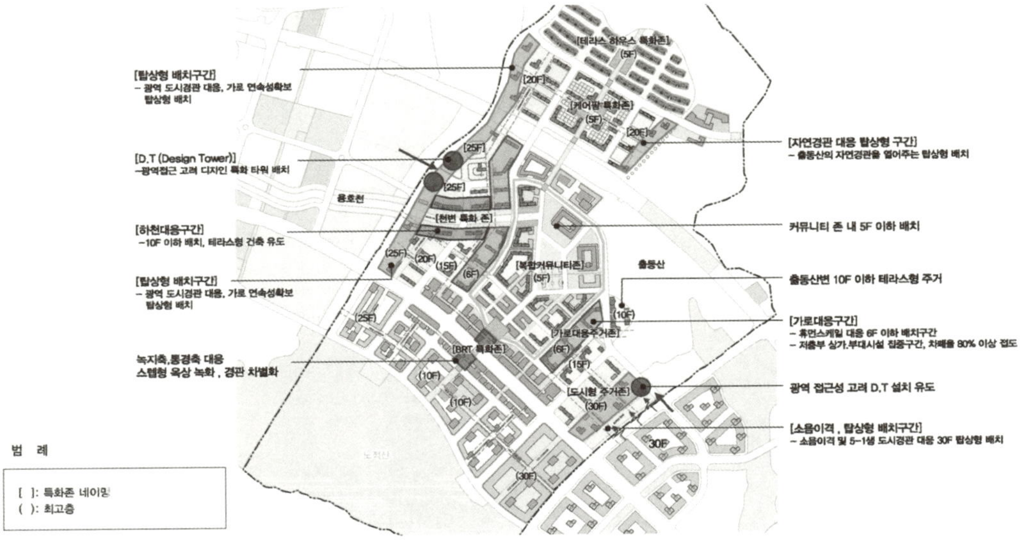

<그림 2-94> 건축물 배치구간 설정

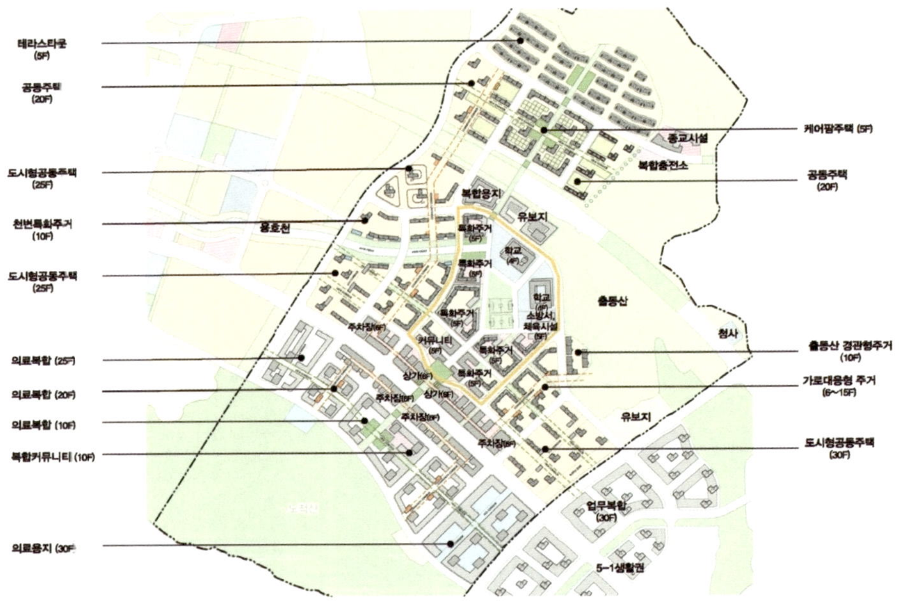

<그림 2-95> 건축 마스터플랜

다. 최종결과(2020. 12. 17)

- 건축물 밀도 및 층수, 가로대응형 및 천변 대응형 구간 등 건축물 계획을 위한 건축 마스터플랜과 테라스하우스, 케어팜, 복합커뮤니티 Zone, 헬스케어 Zone 등 용지별 특화계획도가 제시되었다.

● 건축 마스터플랜

- 다양한 도시축, 공간 및 스카이라인을 고려한 건축물 계획, 그리고 건축 시뮬레이션(경관, 조감도)가 담긴 건축 마스터플랜이 제시되었다.

<그림 2-96> 다양한 도시의 축 및 공간

<그림 2-97> 층수 등 건축물 계획 및 조감도

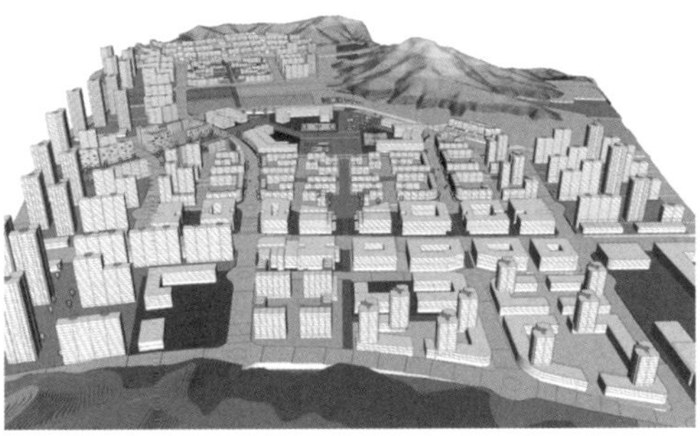
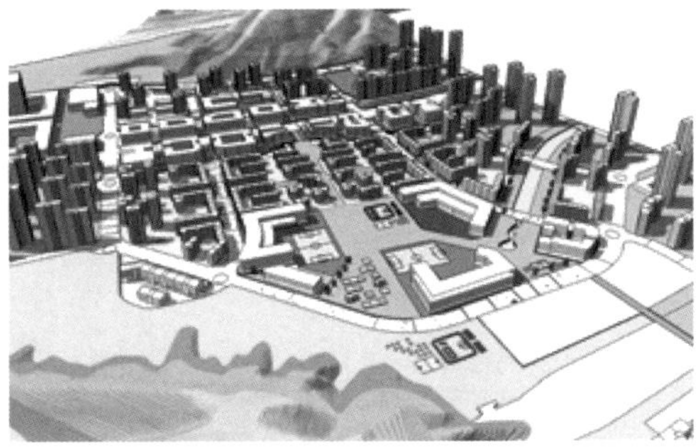

<그림 2-98> 건축 시뮬레이션

● 용지별 건축 마스터플랜

● 가로벽 블록(UR2~3 / 주5-6 / C1 Block)

- UR1~2, 2~3블록 : 대중교통중심도로에서 커뮤니티 특화가로로 이어지는 보행환경의 쾌적함을 유지하고자 하였으며, 입면은 다양한 보행환경을 위한 건축요소를 도입하고 휴먼스케일을 고려한 수직적 입면계획을 하였다.
- UR1~3블록 : 서측과 동측의 커뮤니티 회랑의 흐름을 유지하고 5-2생활권 전체가 하나가 되는 연결을 추구하였다.

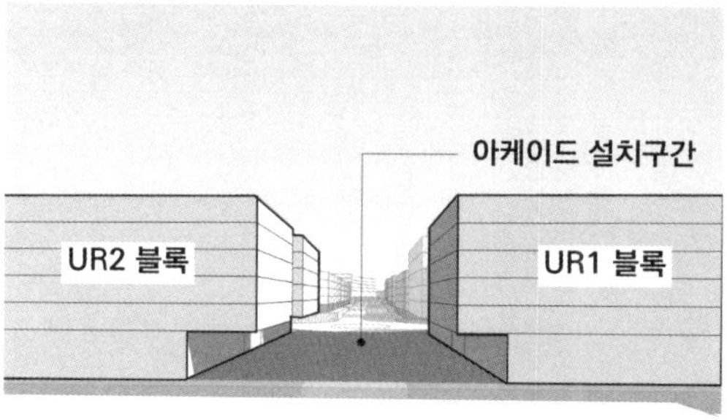

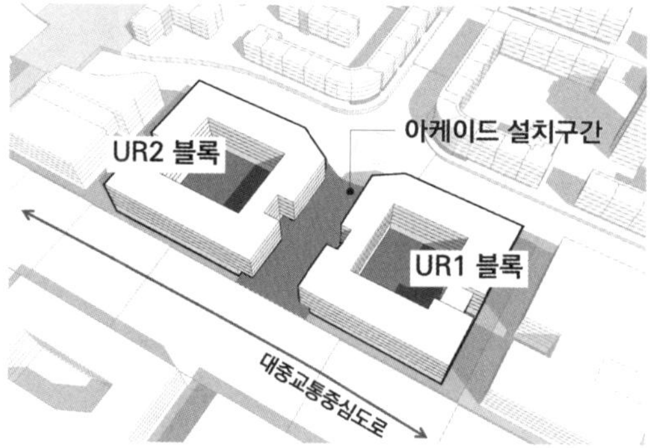

<그림 2-99> UR1~2 아케이드설치구간 조성 예시도

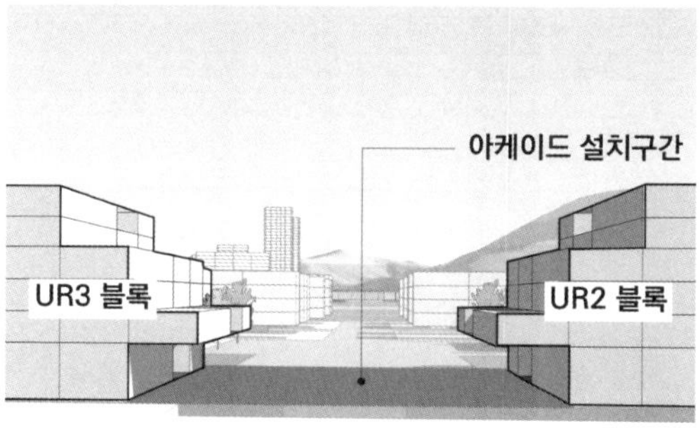

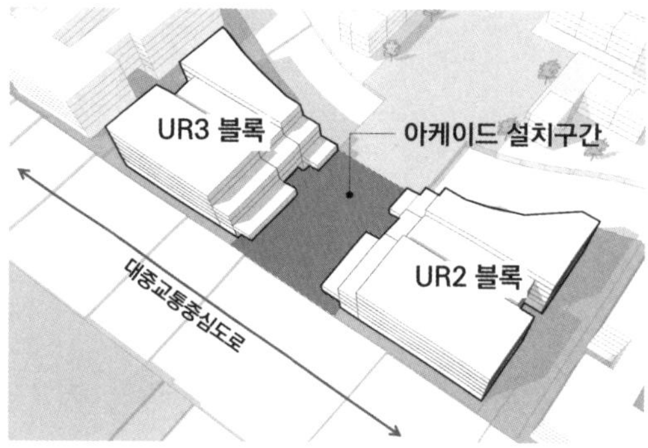

<그림 2-100> UR2~3 아케이드설치구간 조성 예시도

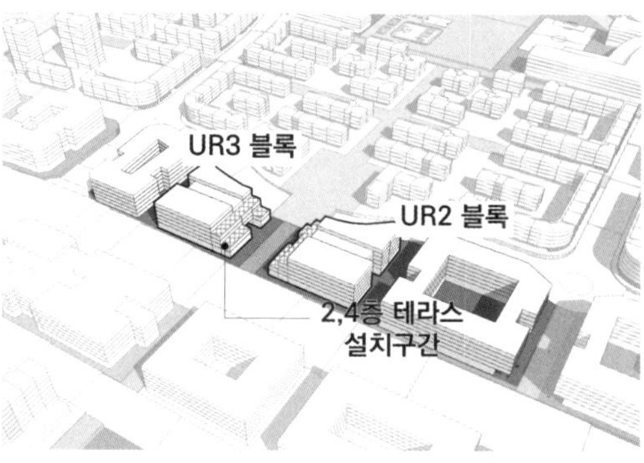

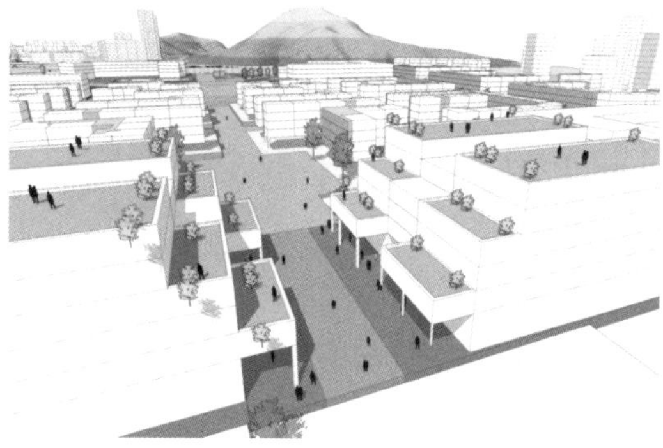

<그림 2-101> UR2~3 2,4층 테라스설치구간 조성 예시도

– UR1~3블록에는 서측과 동측의 커뮤니티 코리더의 흐름을 유지하고 5-2생활권의 전체적인 하나의 연결을 위해 1층 보행통로를 지정하였다.

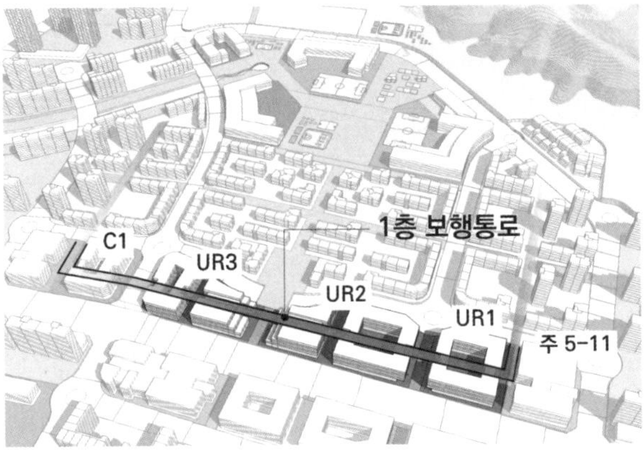

<그림 2-102> UR1~3 1층 보행통로 조성 예시도

– 대지 내 차량출입구는 차량출입구를 가급적 인접획지와 연접하여 조성하므로써 교통효율성을 높이고 개별 조성 될 경우에는 주요 보행동선과 이격하여 설치하게 하였다.

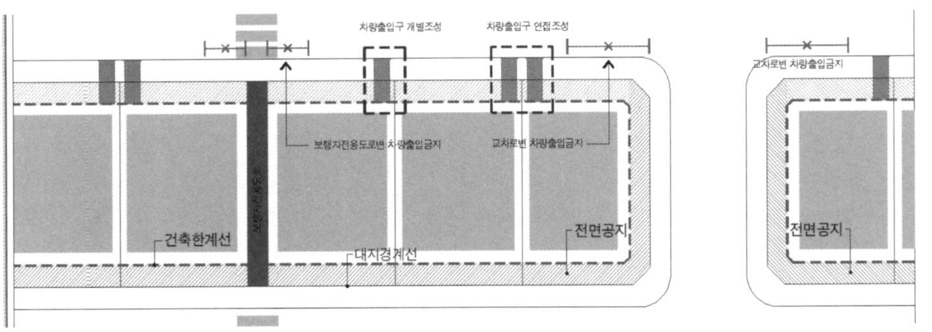

<그림 2-103> 차량출입구 조성 방향

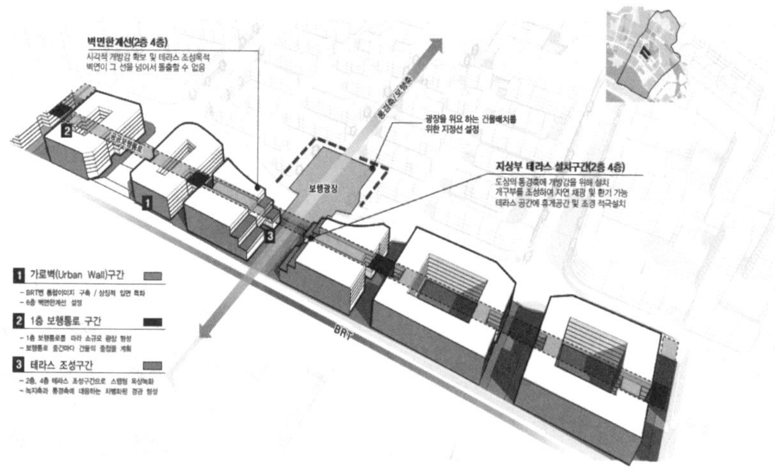

<그림 2-104> 보행광장을 통한 도시 통격축 및 보행축 확보

● 천변대응블록(M3~4 / L3~4 Block)

- L3 및 M3블록 : 수변과 어울리는 중저층의 주거동 배치를 유도하여 수변공원 이용객들에게도 친근한 경관이미지를 경험할 수 있도록 하고, 후면부 디자인은 전면처럼 보일 수 있도록 니치형 발코니 및 개구부 설치 등을 통해 입면의 통일성 및 연속성을 확보하여 다채로운 수변경관이미지를 연출하고자 하였다.
- L4 및 M4블록 : L3 및 M3블록처럼 수변과 어울리는 중저층의 주거동 배치를 유도하여 수변공원 이용객들에게도 친근한 경관이미지를 경험할 수 있도록 하였고, 전면부 디자인은 돌출형 발코니 및 개구부 설치 등을 통해 입면의 통일성 및 연속성을 확보하고자 하였다.
- 수변특화동 배치구간에 주거동 건축면적의 50퍼센트 이상이 걸친 경우, 배치구간에 연접한 주거동은 2세대 이상의 단위세대를 수변과 평행하게 배치하고 이때 단위세대의 채광방향은 수변을 향하게 하였다. 주거동은 해당 블록 내 타주거동에 비해 입면 및 평면의 차별화를 위하여 수변방향 세대수의 30퍼센트 이상을 돌출형 발코니로 조성도록 하였다.

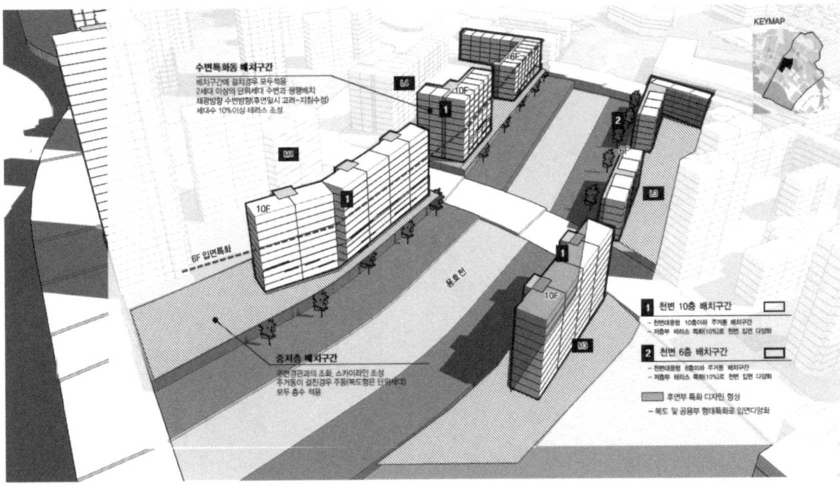

<그림 2-105> 천변을 적극 활용하는 건축물 및 공간계획

● 가로대응형 블록 + 복합 커뮤니티존(L2~3 / S1~4 Block)

- L2 및 L3블록 : 대중교통 중심 도로변 가로벽 구간의 1층 보행통로와 연계되는 보행흐름을 유지하고, 보행자의 시각적 네트워크를 확보하고자 하였다.
- S1~4블록 : 커뮤니티 특화가로 활성화를 위해 휴먼스케일의 건축물배치로 가로 연속성을 유지하고 복합커뮤니티 Zone 내의 건축물과 연속적인 경관이 형성되도록 하였다.
- S1~4블록 부대복리시설 배치구간: 커뮤니티 특화가로가 활성화 될 수 있도록 해당 구간 내 부대복리시설 중 근린생활시설 위주로 배치하고자 하였다.

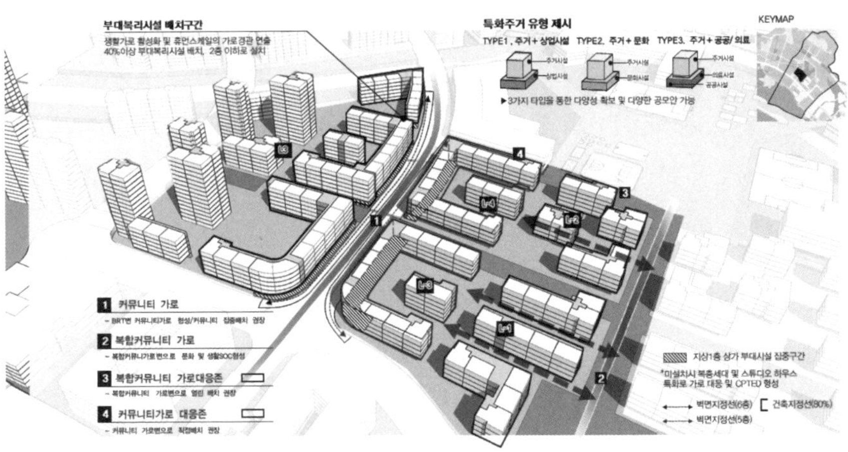

<그림 2-106> 보행친화적인 건축물 및 블록환경 제공

● 용지별 특화 방안

● 테라스하우스 타운 특화존(B4 Block)

- '테라스하우스 타운 특화권역'은 인접 저밀 주거지와 어우러지고 부지의 원형을 최대한 보존하며 기존 자연환경과 조화로운 경사지형 주거의 개발을 목표로 하였다. 자연의 능선을 활용한 배치를 통해 개발에 따른 환경파괴가 최소화되고 자연 친화형 주택단지가 구현될 수 있도록 하였다.
- 자연지형을 보전하면서 경사지를 최대한 활용하는 경사지형 주거가 독창적인 경관과 다양한 조망을 제공할 수 있으므로, 보차분리, 우수 활용, 친환경 포장, 옥상조경 및 생태 네트워크 구성 등 환경친화적인 모범단지로 개발하고자 하였다.
- 출동산으로부터 생활권 남쪽으로까지 이어져 내려가는 자연적 경관 및 통경축을 확보하기 위하여 통경축 확보구간을 지정하였다.
- 블록의 중심부에 주민편의 및 복지증진을 위한 공간이 단지내 거버넌스 기능을 수행할 수 있도록 지정하였다.
- 단지계획과 관련하여 원형지를 최대한 보존, 기존 자연환경과 어우러진 경사지형 주거 개발, 성절토량을 분석하여 토사 유출을 최소화, 자연의 능선을 따라 다양한 경사지형 주거 배치 및 조망권을 확보하고자 하였으며 토지개발에 따른 환경파괴를 최소화하고자 했다.
- 주차장은 지형특성과 경사지형 주거형태 배치를 활용하여 지하주차장으로 조성하고자 하였다. 회전교차로에서는 차량진출입구 계획 시 최소 3미터 이상의 완화차선을 구성하여 교차로 내 차량과의 간섭을 최소화하며 통학차량의 안전 등을 고려하여 단지 출입구와 연계한 승하차대기공간(드롭 오프존)을 단지 출입구별로 1개소 이상 계획하였다.

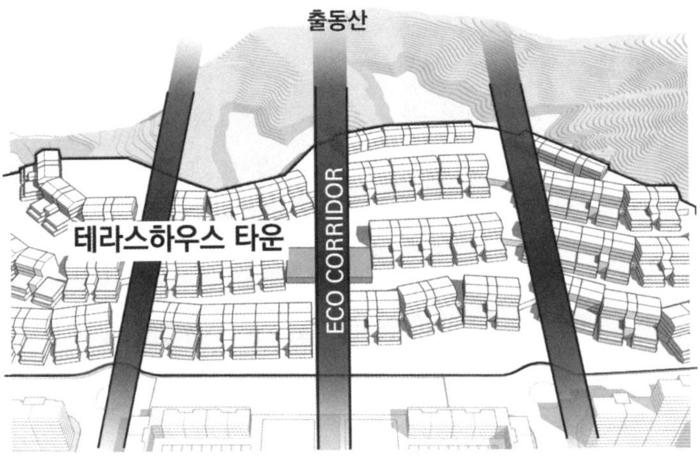

<그림 2-107> 통경축 확보구간 조성 예시도

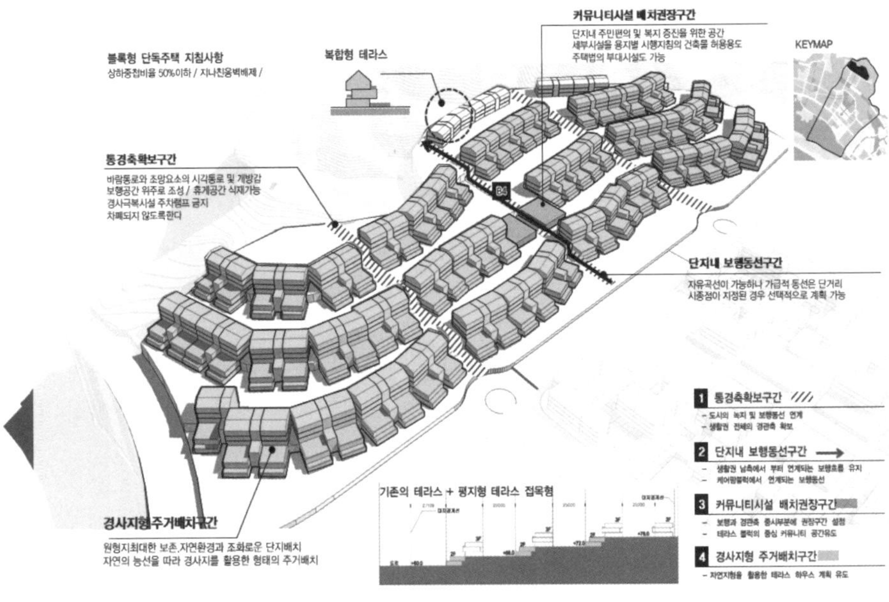

<그림 2-108> 경사지레벨을 활용한 계획제시

● **케어팜 블록(B2~3 Block)**

농업과 연계한 여가 및 치유프로그램이 도입된 특화주거 공간으로 농장(텃밭)을 중심으로 한 다양한 주거 및 부대시설들을 조화롭게 계획하였고, 주거시설은 저층 위주의 다양한 층수의 건축물을 배치해 단조로움을 지양하고, 외부로부터의 경관 및 보행 접근이 열려 있는 구조로 계획하였다.

- 세대당 농장의 단위 면적은 20~30제곱미터 수준으로, 의료기능과 연계되는 케어팜 프로그램의 특성에 따라 효율적으로 세부적 규모 및 배치계획을 제시하였다. 각 단위 농장은 식용, 화훼 및 유실수 등을 위한 공간으로 균형 있게 구성하며, 단위 농장 중 일부는 4계절 농업활동을 고려한 온실형 농장 등으로 계획하였다.
- 전원형 주거로서의 특색 있는 단지가 될 수 있도록 저층으로 배치하되, 일률적인 저층이 아닌 리듬감 있는 층수의 차별화를 통해 특화하였고, 이용자 별 특성에 따라 건축물의 옥상부를 활용한 스텝형, 건축물의 테라스를 활용한 입체형 케어팜 등을 제시하였다.
- 보행자 도로와 통경축 확보구간이 교차하는 단지 중심의 결절부에 케어팜 단지의 커뮤니티가 형성될 수 있도록 커뮤니티시설 배치구간을 지정하였고, 해당 커뮤니티시설 배치구간은 농업활동을 위한 교육 및 지원, 의료기능 연계 서비스 등 케어팜 단지의 거버넌스 기능을 수행하도록 계획하였다.

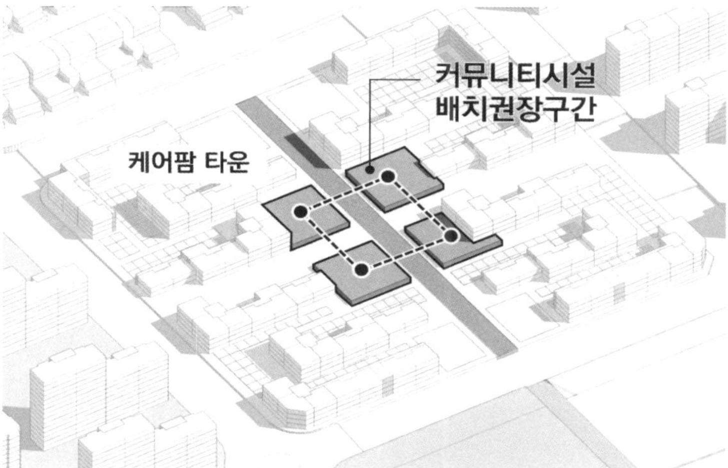

<그림 2-109> 케어팜 단지의 커뮤니티시설 배치구간 조성 예시도

– 농업활동에 대한 교육 등과 관련해 외부 기관과의 지속적인 교류가 필요한 점을 감안해 단지의 보행동선의 주요 결절부에는 오픈스페이스를 조성하였다.

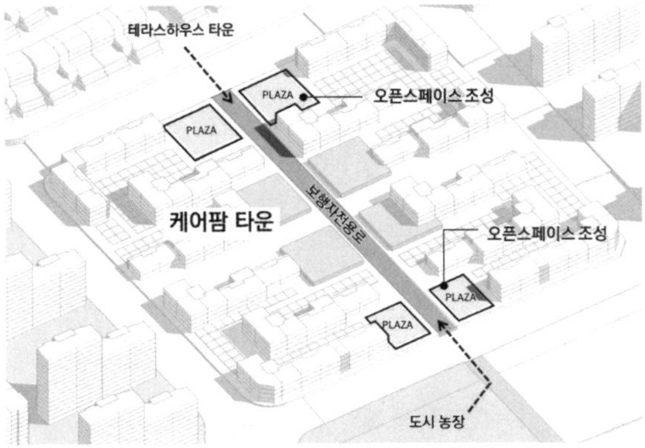

<그림 2-110> 케어팜 단지의 보행동선 결정부에 오픈스페이스 조성 예시도

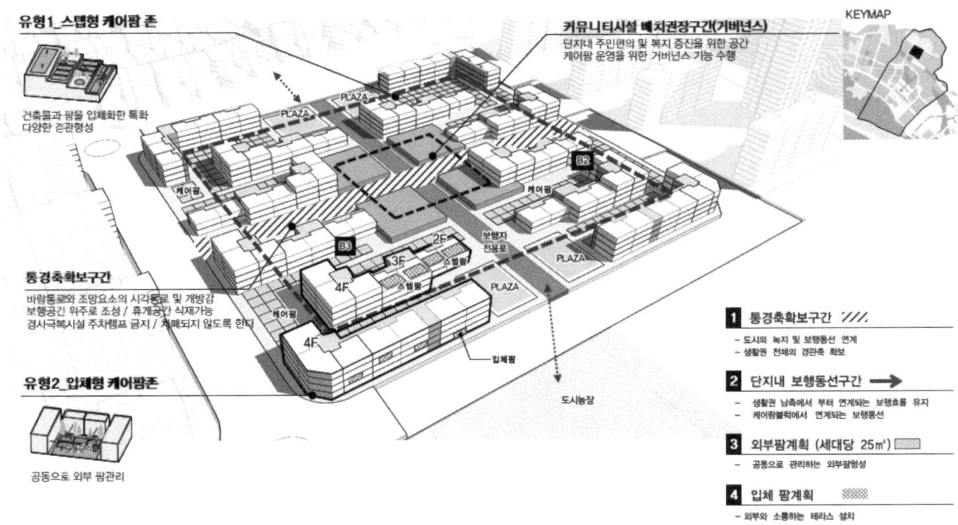

<그림 2-111> 다양한 유형의 건축물 형태 및 팜계획 제시

● 의료복합블록(M-1~4 / 5-2 Block)

- 용도혼합용지 내 주거 및 성장기능이 의료시설과 충분한 기능적 연계성을 가질 수 있도록 하고, 해당 분야 사업자 유치 가능성이 극대화될 수 있는 방향으로 계획하였다. 연접한 광역복지센터, 공공지원형 시니어주택 등과 연계해 주거지원 및 공공의료 서비스가 가장 효율적으로 제공될 수 있는 의료 및 복지 중심의 커뮤니티를 계획하였다.
- 저층부는 의료시설과 연계한 성장기능의 활성화를 고려해 포디엄 형태의 건축물을 배치하고, 주거 기능은 타워형 배치를 통해 주거성을 확보하면서도 주변 지형과의 통경축을 유지하고자 하였다. 각 용지별 포디엄 형태의 건축물 부분은 5층 이하로 동일한 높이를 유지하도록 계획하였다.
- 의료시설 및 광역복지센터로부터의 의료기능 연계 서비스가 가장 효율적으로 이뤄질 수 있도록 효율적 동선체계를 유지하였다.
- 수요 및 시장성 등 헬스케어 여건에 따라 주거 및 의료복합기능이 유연하게 복합될 수 있도록 하였으며, 혁신성장시설 도입 비율 및 이에 따른 용적률 차등 적용으로 주거 중심, 자족시설 중심, 상업시설 중심, 의료복합시설 등이 다양하게 건축될 수 있도록 하였다.

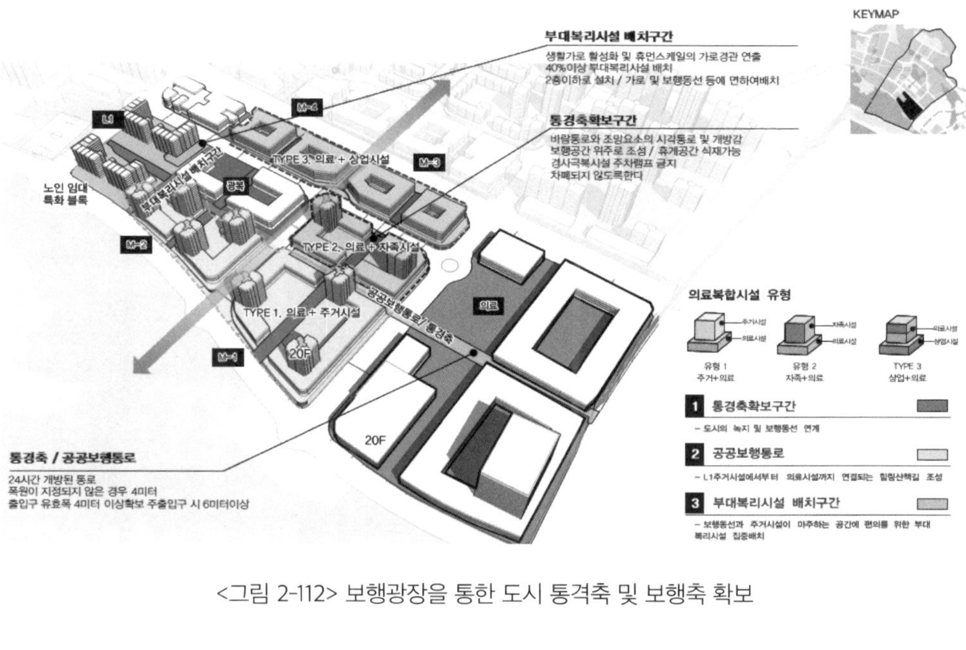

<그림 2-112> 보행광장을 통한 도시 통격축 및 보행축 확보

05 실시계획(Construction Documentation) 및 인허가(Project Implementation)

● **실시계획 작성**

실시계획은 지구단위계획을 포함하여 사업시행에 필요한 설계도서 · 자금계획 및 시행기간 등 일정요건의 내용을 갖춘 계획을 작성하는 것으로 지정권자에게 5-2 생활권에 대한 개발계획에 대한 인허가를 받아야 한다.

● **실시계획인허가**

지정권자가 실시계획을 인허가한 후에는 이를 관보 또는 공보에 즉시 고시하고 시행자와 당해 사업구역이 속한 지자체에 관계서류의 사본을 송부하여야 하며, 관계서류를 송부받은 지자체장은 이를 일반에게 공람하여야 한다. 실시계회의 고시 내용 중 도시관리계획 관련 내용은 도시 · 군 관리계획이 결정 · 고시된 것으로 간주하며, 사업과 관련된 해당 기관과의 협의가 완료된 때에는 "건축법"에 의한 건축허가, "주택법"에 의한 사업계획 승인 등 관련 법률상의 인허가가 의제처리된다.

5.1 실시계획 주요내용

가. 토지이용계획

<table>
<tr><th>구분</th><th>토지이용계획도</th></tr>
<tr><td>당초</td><td>
</td></tr>
<tr><td>변경</td><td>
</td></tr>
</table>

구 분			기 정	변경(안)	비율(%)	증 감
총 계			1,792,321	1,792,315	100.0	- 6
주택용지			537,734	472,732	26.4	-65,002
	저밀		193,845	133,034	7.4	-60,811
	중저밀		79,691	93,193	5.2	13,502
	중밀		250,940	182,535	10.2	-68,405
	고밀(도심형)		13,258	21,353	1.2	8,095
	주거형용드혼합		-	-	-	-
	특화주거복합용지		-	42,617	2.4	42,617
상업업무용지			52,640	5,106	0.3	-47,534
	상업업무용지		52,640	5,106	0.3	-47,534
	특정업무시설용지		-	-	-	-
	상업형용도혼합		-	-	-	-
산업용지			-	46,492	2.6	46,492
	산업용지		-	-	-	-
	산업형용도혼합		-	46,492	2.6	46,492
공원녹지			712,895	777,335	43.4	64,440
유보지			2,806	34,199	1.9	31,393
시설용지			486,246	456,451	25.5	-29,795
	중앙행정기관		-	-	-	-
	공공청사업무		13,842	18,006	1.0	4,164
	정부출연연구기관		-	-	-	-
	연구시설		-	-	-	-
	공공기관		-	-	-	-
	교육시설		57,957	51,442	2.9	-6,515
	복지시설		900	9,094	0.5	8,194
	문화시설		-	-	-	-
	의료시설		57,859	51,864	2.9	-5,995
	체육시설		-	-	-	-
	기타시설		-	-	-	-
	공공기반시설		355,688	326,045	18.2	-29,643
		도로	336,507	304,740	17.0	-31,767
		주차장	13,000	13,374	0.8	374
		방송통신시설	-	-	-	-
		자동차정류장	-	-	-	-
		농산물도매시장	-	-	-	-
		자동차운전면허시험장	-	-	-	-
		자동차검사소	-	-	-	-
		농업관련시설	-	-	-	-
		종교용지	2,003	2,251	0.1	248
		주유소	2,378	5,680	0.3	3,302
		교통광장	-	-	-	-
		기반시설	1,800	-	-	-1,800

나. 지구단위계획

<table>
<tr><th>구분</th><th>지구단위계획 결정도</th></tr>
<tr><td>변경
(안)</td><td>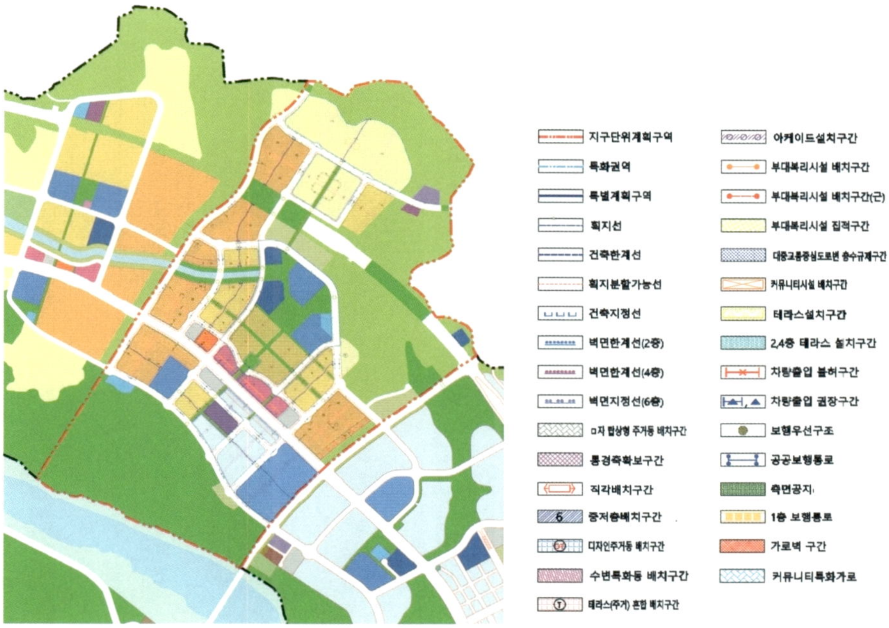
</td></tr>
<tr><td>변경
내역</td><td>· 도시구조를 고려한 용지별 건축제어요소(건폐율, 용적률, 높이 등) 설정
· 걷고 싶은 도시환경 조성을 위한 휴먼스케일의 소규모(가로대응형) 블록과 저층고밀의 중정형 건축물 배치, 커뮤니티가로 제안
· 다양한 용도가 융 · 복합된 공유 기반 복합커뮤니티 Zone
· 앵커 의료시설 연계, 미래 성장기능 수요 대응을 위한 용도복합화 등</td></tr>
</table>

다. 용도지역지구계획

구분	용도지역결정도
변경 (안)	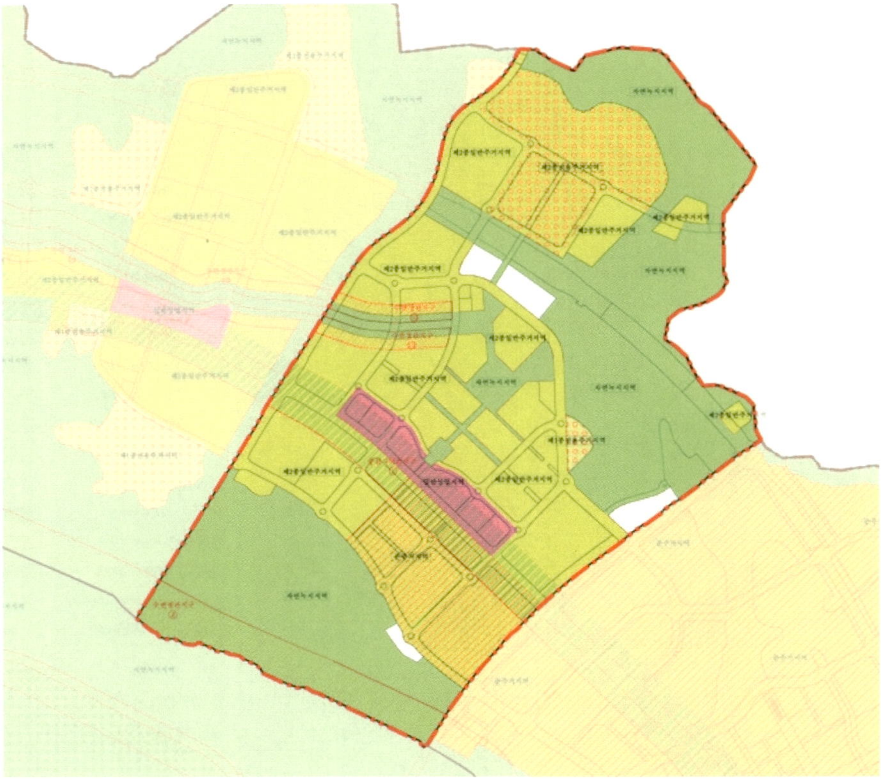
변경 내역	· 제1종 전용주거지역 : 318,197㎡ → 7,587㎡(감 310,610㎡) · 제2종 전용주거지역 신설 : 147,835㎡ · 제2종 일반주거지역 : 595,501㎡ → 561,146㎡(감 34,355㎡) · 준주거지역 신설 : 153,496㎡ · 일반상업지역 : 130,283㎡ → 57,637㎡(감 72,646㎡) · 자연녹지지역 : 745,534㎡ → 830,415㎡(증 84,881㎡) · 미지정(유보지) : 2,806㎡ → 34,199㎡(증 31,393㎡)

라. 주택계획

〈 주택용지별 계획요소 〉

구분		면 적 (㎡)		주택 유형	건폐율 (%)	용적률 (%)	세대수 (호)	최고 층수	공급 유형	비주거 비율
블록형 단독 주택 용지 (저 밀)	B1	7,587		85초과	50	80	43	3	분양	-
	B2	19,151		60~85	50	80	139	4	임대	
	B3	18,208		60~85	50	80	132	4	임대	
	B4	88,088		85초과	50	100	430	3	분양	
	소 계	133,034		-	-	-	744	-	-	-
공 동 주 택 용 지 (중저밀)	L1	11,916		60이하	50	140	278	10	임대	
	L2	25,753	18,027	60이하	50	140	324	15	분양	
			7,726	60~85			98		분양	
	L3	25,592	17,914	60이하	50	140	322	15	분양	
			7,678	60~85			98		분양	
	L4	10,118		60이하	50	140	236	15	임대	
	L5	19,814		60~85	50	140	252	15	분양	
	소 계	93,193		-	-	-	1,608	-	-	-
공 동 주 택 용 지 (중 밀)	M1	38,450		60~85	50	180	629	30	분양	
	M2	40,973		60~85	50	160	596	30	분양	
	M3	29,226		60~85	50	180	478	30	분양	
	M4	10,619		60~85	50	180	182	30	임대	
	M5	28,427		60~85	50	180	465	30	분양	
	M6	34,840		85초과	50	180	448	30	분양	
	소 계	182,535		-	-	-	2,798	-	-	-
도심형 주 택 용 지 (고 밀)	UR1	5,152		60이하	70	360	298	6	분양	주거 260% (용적률)
	UR2	9,068		60이하	70	360	524	6	임대	
	UR3	7,133		60이하	70	360	412	6	분양	
	소 계	21,353		-	-	-	1,234	-	-	-
특 화 주 거 복 합 용 지	S1	10,875		60이하	50	110	131	5	임대	8 : 2 주거:비주거
	S2	11,008		60이하	50	110	133	5	임대	
	S3	9,894		60이하	50	110	119	5	분양	
	S4	10,840		60이하	50	110	131	5	분양	
	소 계	42,617		-	-	-	514	-	-	-
용 도 혼 합 용 지	M-1	23,855		60이하	80	200	196	20	분양	3 : 7 주거:비주거
	M-2	8,599		60이하	80	200	71	10	분양	
	M-3	6,794		60이하	80	200	91	6	분양	
	M-4	7,244		60이하	80	200	97	6	분양	
	소 계	46,492		-	-	-	455	-	-	-
총 계		519,224		-	-	-	7,353	-	-	-

마. 계획의 주요 내용

● 5-2생활권 지구단위계획 개요

- (면적/인구) 1,792,321㎡ / 17,259인(인구밀도 330인/ha, 주택 7,397호)
- (추진현황) '20. 1월에 계획수립 착수, '미래의 변화를 준비하는 Smart Healthy City*' 개념으로 추진 중, '20.12월 계획 수립 예정

● 5-2생활권 지구단위계획(안) 주요 내용

① 보행중심 도시구조

- 자연 연계와 BRT 중심의 보행체계를 위한 도시골격 설정
- 휴먼스케일 블록과 보행활성화를 위한 보행친화 가로 체계 등

② 복합커뮤니티 존(13.3만㎡)

- (개념) 여가 · 생활 보행동선이 모이는 중앙에 입지하면서 공공시설(학교+공원+복컴)과 커뮤니티 시설이 배치된 보행전용지역
- (계획시설) 유치원 · 초 · 중교(교육청) + 지역중심 복컴(행복청) +공원(LH) 등 공공시설과 주거 + 근린상가 등을 계획

④ 케어 팜 존(6.2만㎡)

- (개념) 농업활동과 연계한 건강관리와 커뮤니티 강화지역으로 케어 팜(care farm) 주거 특화와 도시농업 공원 특화로 구성
- (계획시설) 케어 팜은 연립주택(약273세대)+농장+커뮤니티시설(공방 등), 도시농업공원은 텃밭–휴식공간+교육장 등 조성

④ 헬스케어 존(14.9만㎡)

- (개념) 민간부문 앵커 의료시설(병원) 중심의 성장기능 복합화와 헬스케어 주거 특화

- (계획시설) 의료시설(5.3만㎡) + 광역복지센터(노인보건 특화) + 헬스케어 자족시설 + 공동주택 + 시니어타운 등

⑤ 기타사항

- (임대주택) 장기임대주택 비율을 24.9%(7,091호 중 1,766호)로 계획
  행복주택, 토지임대부 사회주택, 중산층을 고려한 60~85㎡ 등 다양한 유형의 공공임대주택 공급하여 주택의 공공성 확보
- (교통계획) 차가 막힘없이 천천히 통행하도록 회전교차로를 적극반영(17개소), 시케인 등 교통정온화 기법을 적극 적용하고 상가 인근에 포켓주차장을 확보하여 시민 편의를 도모하였고, 자전거 · PM 이용활성화를 위해 모든 가로에 자전거도로 계획하고 향후 PM 활성화에 따라 PM 방치문제를 대비한 PM 주차 · 거치시설에 대한 계획 수립 등 발생 가능한 다양한 문제점에 대해 대비할 예정
- (스마트시티 확산) 5-1生 스마트시티 국가시범도시에 적용되는 스마트 서비스(헬스케어, 모빌리티 서비스)를 적극 적용하고 제로에너지 빌딩 인증 의무화(민간 5등급, 공공 3등급), 스마트 리사이클링 등 선진기법 적용

5.2 인허가 고시문

제19911호 관 보 2021. 1. 4.(월요일)

기상분야 국가표준(KS) 개정

1. 표준번호 및 표준명

순번	구분	표준번호	표준명
1	개정	KS I ISO 16622	기상학-음파 풍속계/온도계 - 평균바람측정의 승인된 시험법

※ 표준내용은 e-나라표준인증(www.standard.go.kr)에서 확인 가능

2. 개정 사유

ㅇ KS I ISO 16622 : 자체 검토에 의한 개정

3. 주요 개정 내용

ㅇ KS I ISO 16622 : 번역의 오류 수정, 기상용어의 사용 등

부칙: 2021년 1월 4일부터 시행한다.

◉행정중심복합도시건설청고시제2020-66호

행정중심복합도시건설사업에 대하여 「신행정수도 후속대책을 위한 연기·공주지역 행정중심복합도시 건설을 위한 특별법」 제20조 및 제21조, 같은 법 시행령 제12조 및 제13조에 따라 행정중심복합도시건설사업 개발계획(제57차)과 실시계획(제51차)을 변경하고 다음과 같이 고시합니다.

2021년 1월 4일

행정중심복합도시건설청장

1. 행정중심복합도시건설사업의 명칭 및 목적

가. 사업의 명칭 : 행정중심복합도시건설사업

나. 사업의 목적 : 수도권의 과도한 집중에 따른 부작용을 시정하여 국가의 균형발전과 국가경쟁력의 강화에 이바지함

2. 예정지역의 위치 및 면적(변경없음)

가. 위 치

세종특별자치시	반곡동, 소담동, 보람동, 대평동, 가람동, 한솔동, 나성동, 새롬동, 다정동, 어진동, 종촌동, 도담동, 고운동, 아름동, 산울동, 해밀동, 합강동, 집현동	
	연기면	한별리, 누리리, 세종리
	연동면	용호리, 다솜리

나. 면 적 : 72,908,221㎡

3. 사업시행자

가. 명 칭 : 한국토지주택공사법에 의한 한국토지주택공사

나. 소재지 : 경상남도 진주시 충의로 19

다. 대표자의 성명 : 사장 직무대행 장충모

4. 시행기간과 단계별 시행에 관한 계획(변경없음)

가. 사업시행기간 : 변경없음 (기재 생략)

나. 공종별 소요기간 : 변경없음 (기재 생략)

나. 단계별 시행에 관한 계획 : 변경없음 (기재 생략)

350

5. 이전대상 중앙행정기관 등의 수용계획(변경없음)
  가. 중앙행정기관(기재 생략)
  나. 정부출연 연구기관(기재 생략)
6. 토지이용계획(변경)
  가. 토지이용에 관한 계획(기재 생략)
  나. 인구 및 주택에 관한 계획(기재 생략)
  다. 상업・업무용지에 관한 계획(기재 생략)
  라. 산업용지에 관한 계획(기재 생략)
  마. 공원・녹지에 관한 계획(기재 생략)
  바. 교육・문화・보건의료・복지시설에 관한 계획(기재생략)
  사. 주요 공공시설 및 편의시설에 관한 계획(기재생략)
7. 도로, 상・하수도 등 주요 기반시설 설치 계획(변경)
  가. 도로 등에 관한 계획(기재 생략)
  나. 상・하수도 등 주요 기반시설에 관한 계획(기재 생략)
8. 예정지역중 지구단위계획구역의 지정이 필요한 지역(변경없음)
  ■ 예정지역 : 72,908,221㎡
9. 주요 사업계획 변경 사항(개발계획 및 실시계획)
가. 개발계획 변경수립 및 변경수립에 따른 실시계획 변경사항
 1) 4-2生 상업업무용지(C7·C8) 특화계획 수립내용 반영
 2) 4-2生 공동캠퍼스 도로선형 조정 및 마스터플랜 수립내용 반영
 3) 5-1生 스마트시티 최초입주블록 등 계획 변경
 4) 5-2生 지구단위계획 수립 내용 반영
 5) 6-3生 B1블록 특화계획 수립내용 반영을 위한 계획변경
 6) 공공기관 용지 추가 확보를 위한 계획변경
 7) S-1生 도시휴양센터 기본구상에 따른 계획변경
 8) 공공공지 이용형태에 따른 적정용도 지정을 위한 계획변경
 9) 기타사항
  ① 1-1生 공동주택 준공 건축물 기부채납부지 반영을 위한 계획변경
  ② 1-1生 한옥마을 내 문화공원 계획변경
  ③ 4-1生 시도2호선 교통체계 개선을 위한 회전교차로 신설
  ④ 6-1生 복합발전소 송전선로 경과지 계획변경
  ⑤ 2-4生 어반아트리움 특화설계 내용을 반영한 계획변경
나. 실시계획(지구단위계획 포함) 변경사항
 1) 전력공급설비 설치 기준 마련
 2) 용지별 상가비율 조정
 3) 6-4生 도심형생활주택 공급유형 반영

351

4) 보행섬 설치를 위한 지구단위계획 지침 신설
5) 행복도시 태양광 발전시설 설치 가이드라인 반영
6) 지구단위계획 리뷰에 따른 변경
7) 행복도시 도시경관 7대 전략과제 지침 반영
8) 6-3生 설계공모 당선작 특화계획 반영

다. 공원조성계획 변경사항
1) 문화공원S-2외 1개소
2) 수변공원1-7외 1개소

라. 인허가 의제 사항
1) 행정중심복합도시 1-1생활권(1공구) 경1-52 외 1개 공원조성사업
2) 행정중심복합도시 1-1생활권(2공구) 근1-1 외 20개 공원조성사업
3) 행정중심복합도시 1-1생활권 경1-95외 1개 공원조성사업
4) 행정중심복합도시 S-1생활권(일부) 경S-1외 9개 공원조성사업
5) 행정중심복합도시 2-1생활권 근2-5 외 10개 공원조성사업
6) 행정중심복합도시 2-2생활권 경2-13 외 2개 공원조성사업
7) 행정중심복합도시 2-4생활권 수2-1 외 30개 공원조성사업
8) 행정중심복합도시 3-1생활권 및 3-2생활권 근3-5 외 18개 공원조성사업
9) 행정중심복합도시 3-3, 4-1(일부)생활권 근3-10 외 12개 공원조성사업
10) 행정중심복합도시 4-1생활권(잔여분) 근4-3 외 25개 공원조성사업
11) 행정중심복합도시 문화S-2 외 2개 중앙공원조성사업
12) 행정중심복합도시 S-2생활권 및 기타생활권 일부공사 공원조성사업
13) 행정중심복합도시 BRT 전용도로(광로3-4001) 개설사업
14) 행정중심복합도시 외곽순환도로 대로2-4001 외 2개 도로 개설사업
15) 행정중심복합도시 2-3단계 광로3-4002 외 88개 도로 개설사업
16) 행정중심복합도시 2-4생활권 대로2-1001 외 49개 도로 개설사업
17) 행정중심복합도시 4-1생활권 대로2-2004 외 67개 도로 개설사업
18) 행정중심복합도시 4-2생활권 대로2-4009 외 75개 도로 개설사업
19) 행정중심복합도시 5-1생활권 대로3-1015 외 73개 도로 개설사업
20) 행정중심복합도시 6-3생활권 대로2-2003 외 24개 도로 개설사업
21) 행정중심복합도시 S-1생활권 대로2-2004 외 23개 도로 개설사업
22) 행정중심복합도시 1-5생활권 소로3-2017 외 2개 도로 개설사업

10. 관계도서의 열람
관계도서는 일반인이 열람할 수 있도록 행정중심복합도시건설청(도시정책과 ☎044-200-3131, 3123), 세종특별자치시청(도시정책과 ☎044-300-5261), 한국토지주택공사(세종특별본부 사업계획1부 ☎ 044-860-7455)에 비치하여 관계자에게 보이고 있으며, 기타 자세한 사항은 행정중심복합도시건설청(도시정책과 ☎044-200-3131, 3123)에 문의하시기 바랍니다.

352

행정중심복합도시건설청	대한민국의 새로운 미래, 행정중심복합도시 **보도자료**	힘내라 대한민국 한 걸음 앞서가요, 적극행정 두 걸음 빨라져요, 대한민국

보도일시	20-164호(12월 29일(화) 배포 즉시 보도 가능)		
담당부서	도시계획국 도시정책과	부서장	홍순민 과 장(044-200-3120)
		담당자	안교필 사무관(044-200-3122)
	한국토지주택공사 세종특별본부	부서장	채우국 처 장(044-860-7447)
		담당자	이원훈 부 장(044-860-7452)

행복청, 다솜리(5-2생활권) '스마트 건강도시'로 조성

▶ 다솜리(5-2생활권) 지구단위계획 연내 수립

□ 행정중심복합도시건설청(청장 이문기, 이하 행복청)과 한국토지주택공사(이하 LH)는 행정중심복합도시(이하 행복도시) 다솜리(5-2생활권)의 지구단위계획 수립을 연내 완료한다고 밝혔다.

□ 다솜리(5-2생활권)는 행복도시 23개 생활권 중 19번째로 지구단위계획이 수립되는 생활권으로, 합강리(5-1생활권) 스마트도시 국가시범도시와 인접한 행복도시 북동측 진입부에 위치하고 있다.

□ 행복청과 LH는 다솜리(5-2생활권) 개발 개념을 '미래 변화를 준비하는 스마트 건강도시(Smart Healthy City)' 로 정하고, 생활권 내 3개 권역(복합주민공동 · 건강관리 · 케어팜 권역)에 대한 특화계획을 수립하였다.

ㅇ 다솜리(5-2생활권)의 면적은 약 179만㎡, 인구 약1.7만명, 주택수 약7.4천호로 기존 생활권 인구밀도(330인/ha)와 비슷한 수준이다.

〈 보행중심의 도시구조 〉

ㅁ 다솜리(5-2생활권)은 행복도시의 도시 조성 철학에 맞게 도시구조부터 보행자 중심으로 계획하고 보행중심 특화계획을 수립하였다.

ㅇ 보행중심 권역인 복합주민공동 권역을 중심으로 남쪽의 건강관리 권역과 북쪽의 케어팜 권역 대부분은 간선급행버스체계(BRT)로부터 보행가능한 범위이다.

ㅇ 상가 주변도로 차 없는 거리, 다양한 광장과 보행로, 중저층(5-6층) 가로대응형 소규모 구획의 주택과 상가, 보행중심의 공동체가로 등 걷는 즐거움을 느낄 수 있는 다양한 보행특화 요소를 도입하였다.

〈 복합주민공동 권역 〉

ㅁ 생활권 중심에 위치한 복합주민공동 공간은 유아부터 노인에 이르는 전생애주기를 대상으로 보육, 의료, 복지, 문화체육 등 공동체 서비스가 통합 제공되는 보행중심권역으로 조성된다.

ㅇ 기존의 복합주민공동 단지(학교+공원+복컴) 기능에 특화주거 · 상가 · 문화시설 등을 추가하고 통합주차장을 설치하여 공공부문과 민간부문이 융합된, 24시간 활력이 넘치는 주민공동 공간으로 진화시킨 것이 특징이다.

ㅇ 특히 복합주민공동 단지 내 개별 시설물간 연계성을 극대화하면서, 다수 시설 동시 시공에서 오는 시공간섭 및 적기 준공 문제를 원천 해소하기 위해 관계 기관들이

통합설계를 넘는 통합발주 · 시공 방안까지 도출할 예정이다.

〈 건강관리(Health care) 권역 〉

□ 건강관리 권역(약14.9만㎡, 생활권 남측)은 노적산과 간선급행버스체계(BRT)도로 사이에 위치하여 민간부문의 건강관리 의료 · 산업 · 연구와 공공부문의 주거, 의료 · 복지가 어우러지는 의료주거 특화 단지로 조성된다.

ㅇ 빠른 기술진화 속도를 고려하여 민간에서 인접 국가시범도시의 스마트서비스와 의료기능을 연계하면서 다양한 건강관리 혁신서비스 개발이 가능하도록 의료기능 복합화를 위한 용도혼합용지를 계획하였다.

ㅇ 공공에서는 다양한 민간참여를 활성화하기 위한 사업화 방안을 별도 마련하는 한편, 의료기능 특화 광역복지시설 및 스마트관리 공공주택 건립 등 건강관리 단지 조성을 위한 마중물 역할도 맡게 된다.

〈 케어팜(Care farm) 권역 〉

□ 케어팜 권역(약 6.1만㎡, 생활권 북측)은 도시농업과 여가 · 치유 중심의 주거를 결합한 도심속 전원형 주거단지로 조성된다.

ㅇ 케어팜 주거특화단지는 4층 이하 저층주택(약270여세대)과 다양한 유형의 케어팜과 공동체시설을 단지내 배치하고 농업활동과 연계한 건강관리 프로그램을 통해 코로나 시대를 맞는 도시민들에게 치유와 생산의 공간으로 더욱 각광받을 것으로 기대된다.

ㅇ 이와 별도로 외곽순환도로 상부 공간을 누구나 참여할 수 있는 공공 도시텃밭

등으로 조성하는 도시농업공원(약2만㎡)도 함께 조성할 계획이다.

○ 행복청과 LH는 케어팜 권역을 주거와 어우러진 지속가능한 도시농업 모범사례가 될 수 있도록 세부설계 및 운영방안을 농촌진흥청 국립원예특작과학원 · 세종시 농업기술센터 등 관계기관과 협업하여 마련할 계획이다.

〈 기타 특화계획 〉

□ 이밖에도 다솜리(5-2생활권)은 중산층이 거주할 수 있는 주택 등 다양한 유형의 임대주택을 기존 생활권의 2배(주택수의 25% 1,766호) 수준으로 확보하여 주택의 공공성을 확보하였다.

○ 교통분야에서는 원활한 교통흐름을 위한 회전교차로와 차량 진출입로 최소화한 통합주차장을 적극적으로 반영하여 시민들의 편의와 안전을 함께 고려하였다.

○ 인근 합강리(5-1생활권) 스마트도시 국가시범도시에 도입되는 건강케어, 스마트 재활용, 공유차 등 혁신 서비스는 다솜리(5-2생활권)에도 확산 · 반영할 계획이다.

□ 다솜리(5-2생활권)은 올해말까지 개발 · 실시계획 수립을 완료하고, '22년에 부지조성공사에 착수하여, 빠르면 '23년 하반기부터 주택분양이 시작될 것으로 예상된다.

□ 행복청 김복환 도시계획국장은 "다솜리(5-2생활권)는 기존 도시개발을 통해 축적된 경험과 방법을 반영하는 동시에, 건강관리 등 새로운 성장동력과 미래변화를 유연하게 수용할 수 있도록 계획" 하였다고 말했다.

| 참고문헌 |

- American Planning Association 2006, Planning and Urban Design Standards, New York: John Wiley and Sons.
- Arida, A 2002, Quantum City, Boston: Architectural Press.
- Arrabi, H F 2016, A typology of Urban Design theories and its application, Urban Design International, 21(1), 11–24.
- Bentley, I 1985, Responsive Environments: A Manual for Designers, London: Architectural Press.
- Boltan, R 1980, The Practitioner as Theorist; the phenomenology of the professional episode, Journal of the American Planning Association, 46(3), 261–274.
- CABE & DETR 2001, The Value of Urban Design: a research project commissioned by CABE and DETR to examine the value added by good urban design, London: Thomas Telford.
- Cama, R 2009, Evidence–Based Healthcare Design, New York: John Wiley & Sons.
- Carmona, M et al. 2003, Public Places, Urban Spaces: The Dimensions of Urban Design, Oxford: Routledg.
- Carmona, M and Tiesdell, S 2007, Urban Design Reader, New York: Routledge.
- Carmona, M 2010, Contemporary Public Space: Critique and Classification, Part One: Critique, Journal of Urban Design, 15(1), 123–148.
- Carmona, M, et al. 2010, Public Places Urban Spaces, Oxford: Elsevier Ltd.

- Carmona, M 2014, The Place-shaping Continuum: A Theory of Urban Design Process, Journal of Urban Design, 19(1), 2-36.
- Carmona, M 2015, London's Local High Streets: The problems, potential and complexities of mixed street corridors, Progress in Planning, 100, 1-84.
- Cowan, R 2002, Urban Design Guidance: Urban Design Frameworks, Development Briefs and Master Plans, London: Thomas Telford.
- Cullen, G 1971, The Concise Townscape, London: Architectural Press.
- Cuthbert, A 2005, A Debate from down-under: spatial political economy and urban design, Urban Design International, 10(3-4), 223-234.
- Cuthbert, A 2006, The Form of Cities: Political Economy and Urban Design, Oxford, Victoria, Malden: Blackwell Publishing.
- Cuthbert, A 2007, Urban design: requiem for an era - review and critique of the last 50 years, Urban Design International, 12(4), 177-223.
- Daley, J 1984, Design creativity and understanding of objects. In: Cross, N.(eds.), Develcpments in Design Methodology, New York: John Wiley & Sons.
- Darke, J 1984, The primary generator and the design process. In: Cross, N.(eds.), Develcpments in Design Methodology, New York: John Wiley & Sons.
- DETR & CABE 2000, BY DESIGN Urban design in the planning system: towards better practice, London: Crown.
- DTLR 2000, By Design: Urban Design in the Planning System: Towards Better Practice, London: Thomas Telford.
- Elrahman, A and Assad, M 2019, Defining the Urban Design Process: A theoretical perspective, Journal of Urban Research, 34(1), 112-133.
- Faludi, A 1986, Critical Rationalism and Planning Methodology, London: Pion Limited.
- Feyerabend, P 2011, The Tyranny of Science, MA: Polity Press.
- Fitz, H K 2001, Institution: Its Nature and Uses in Human Experience, Delhi: Motilal Banarsidass Publishers.

- Frederick, M and Vikas, M 2018, 101 Things I Learned in Urban Design School, Cambridge, Mass.: MIT Press.
- Friedmann, J 2003, Why Do Planning Theory? Planning Theory, 2(7), 10–13.
- Gehl, J 2010, Cities for People, Washington, DC: Island Press.
- Gehl, J 2011, Life Between Buildings: Using Public Space, Washington, DC: Island Press.
- Greed, C and Roberts, M 2014, Introducing Urban Design Interventions and Responses, London and New York: Routledge.
- Jacobs, J 1992, The Death and Life of Great American Cities, New York: Vintage Books.
- Jones, J C 1992, Design Methods, New York: John Wiley & Sons.
- Hacking, I 1991, Speculation, calculation and the creation of phenomena. In: Mune′var, G.(eds.) Beyond Reason, Boston Studies in the Philosophy and History of Science, The Netherlands: Springer.
- Hillier, B and Hanson, J 1984, The social logic of space, Cambridge: Cambridge University Press.
- Hillier, B et al. 1984, Knowledge and design. In: Cross, N.(eds.), Developments in Design Methodology, New York: John Wiley & Sons.
- Kaplan, S J and Kivy–Rosenberg, E 1973, Ecology and the Quality of Life, Springfield, III: Thomas.
- Karimi K 2012, A configurational approach to analytical urban design, Urban Design International, 17(4), 1–22.
- Kasprisin, R J 2011, Urban Design: the composition of complexity, New York: Routledge.
- Karimi, K and Parham, E 2012, An Evidence Informed Approach to Developing an Adaptable Regeneration Programme for Declining Informal Settlements. Symposium Proceedings: Eighth International, January. Santiago, Chile: Space Syntax Symposium.

- Kostof, S 1999, The City Shaped: urban patterns and meanings through history, Boston: Little, Brown and Co.
- Krieger, A and Saunders, W S 2009, Urban Design, Minneapolis, MN: University of Minnesota Press.
- Krier, R 1993, Urban Space, New York: Rizzoli International Publications.
- Kroll, E 2001, Innovative Conceptual Design: Theory and Application of Parameter Analysis, Mass.: Cambridge University Press.
- Kuhn, T 1996, The Structure of Scientific Revolutions, Chicago, IL: University of Chicago Press.
- LaGro J 2007, Site Analysis: Linking Program and Concept in Land Planning and Design, New York: John Wiley & Sons.
- Lang, J 2005, Urban Design: a typology of procedures and products, Oxford; Burlington.
- Lang, J 2014, Comments on The Place Shaping Continuum: A Theory of Urban Design Process, Journal of Urban Design, 19(1), 41–43.
- Larice, M and MacDonald, E 2013, The Urban Design Reader, New York: Routledge.
- Lawson, B 2004, What Designers Know, Amsterdam: Elsevier.
- Lawson, B 2005, How Designers Think: The Design Process Demystified, London: Architectural Press.
- Levin, P 1984, Decision–making in urban design. In: Cross, N.(eds.) Developments in Design Methodology, New York: John Wiley & Sons.
- Levy, J M 2009, Contemporary urban planning, N.J.: Pearson Education.
- Lloyed–Jones, T 2001, The design process. In: Roberts, M. and Greed, C.(eds.), Approaching Urban Design: The Design Process, New York: Longman.
- LyLuckman, J 1984, The management of design process. In: Cross, N.(eds.), Developments in Design Methodology, New York: John Wiley & Sons.Lynch, K 1981, A Theory of Good City Form, Cambridge, Mass.: MIT Press.
- Lynch, K 1960, The Image of the City, Mass.: MIT Press.

- Lynch, K 1971, Site Planning, Mass.: MIT Press.
- Lynch, K 1981, A theory of good city form, Mass.: MIT Press.
- Llewellyn, D 2000, Urban Design Compendium, English Partnerships.
- Madanipour, A 1996, Design of Urban Space, an inquiry into a Socio–spatial Process, New York: Wiley.
- Madanipour, A 1997, Ambiguities of Urban Design, The Town Planning Review, 68(3), 363–383.
- McDonald, D and Schneberger, S 2006, Scientific Inquiry–Theory Construction: A Primer. The Proceedings of the Information Systems Education Conference, 23(3), 1–10.
- Markus, T 1969, The role of building performance measurement and appraisal in design method. In: Broadbent, G. and Ward, A.(eds.), Design Methods in Architecture, London: G. Wittenborn.
- Marshall, R 2009, The Elusiveness of Urban Design: The Perpetual Problem of Definition and Role. In Urban Design, by Alex Krieger and William S.
- Maxwell, C E and Brown, D R 1993, Programming Processes for Military Health Care Facilities, pp. 249–278, in W. F. E. Preiser (eds), Professional Practice in Facility Programming, New York: Van Nostrand Reinhold.
- Moughtin, C et al. 1999, Urban Design: Method and Technique, London: Architectural Press.
- Moughtin, C 2004, Urban Design: Street and Square, Amsterdam: Architectural Press.
- Palazzo, D 2011, Pedagogical Traditions. In T. Banerjee & A. Loukaitou –Sideris(eds.), Companion to Urban Design, New York: Routledge.
- Palazzo, D and Steiner, F 2011, Urban Ecological Design: A Process for Regenerative Places. In Ecological design and planning, by O. Forster Ndubisi, 379–389. Washington, DC: Island Press.
- Popper, K 1959, The Logic of Scientific Discovery, Abingdon–on–Thames: Routledge.

- Punter, J 1999, Design Guidelines in American Cities: A Review of Design Policies and Guidance in Five West Coast Cities, Liverpool: Liverpool University Press.
- Punter, J 2009, Urban Design and the British Urban Renaissance, London: Taylor & Francis.
- RIBA 1980, Handbook of Architectural Practice and Management, London: RIBA Publications.
- Rowe, P G 1987, Design Thinking, London: MIT Press.
- Roberts, M and Greed, C 2001, Approaching Urban Design: The Design Process, New York: Longman.
- Roberts, M 2001, Area analysis. In: Roberts, M. and Greed, C.(eds.), Approaching Urban Design: The Design Process, New York: Longman.
- Roberts, M 2001, Evaluation and user prospective. In: Roberts, M. and Greed, C.(eds.), Approaching Urban Design: The Design Process, New York: Longman.
- Rowe, C and Koetter, F 1978, Collage City, Cambridge: MIT Press.
- Sanyal, B 2002, Globalization, Ethical Compromise and Planning Theory, Planning Theory, 1(2), 116-123.
- Shirvani, H 1985, The Urban Design Process, New York: Van Nostrand Reinhold.
- Sitte, C 2013, The Art of Building Cities: City Building According to Its Artistic Fundamentals.(C. Stewart, Trans.), New York: Reinhold Pub. Corp.
- Snow, C P 2012, The two Cultures and the Scientifi Revolution, New York: Cambridge University Press.
- Sternberg, E 2000, An Integrative Theory of Urban Design, Journal of the American Planning Association, 66(3), 265-27.
- Stengers, I 2000, Invention of Modern Science, Minneapolis, MN: University of Minnesota Press.
- Ter Heide, H and Wijinbelt, D 2007, To Know and to make: the link between research and urban design, Journal of Urban Design, 1(1), 75-90.
- Trancik, R 1986, Finding Lost Space: theories of urban design, New York: J. Wiley.

- Tibbalds, F 1988, Intentions in Urban Design, URBAN DESIGN QUARTERLY, 17, 11–12.
- Tibbalds, F 2002, Making People–Friendly Towns: Improving the public environment in town and cities, Taylor & Francis: 1st edition.
- Urban Design Associates 2011, The Urban Design Handbook: technoques and working methods, New York: Norton.
- Whyte, W 1980, The Social Life of Small Urban Spaces, Washington, D.C.: Conservation Foundation.
- Zeisel, J 2006, Inquiry by Design, New York: W.W. Norton.